儿童行为心理学

儿童行为心理速查速用

牧之◎著

U0754488

台海出版社

图书在版编目（CIP）数据

儿童行为心理学 / 牧之著. -- 北京：台海出版社，
2017.3
ISBN 978-7-5168-1323-2
Ⅰ.①儿… Ⅱ.①牧… Ⅲ.①儿童心理学－通俗读物
Ⅳ.①B844.1-49
中国版本图书馆CIP数据核字（2017）第041053号

儿童行为心理学

著　　者：牧　之			
责任编辑：王　品		装帧设计：久品轩	
版式设计：曹　敏		责任印制：蔡　旭	

出版发行：台海出版社
地　　址：北京市东城区景山东街20号　　　邮政编码：100009
电　　话：010－64041652（发行，邮购）
传　　真：010－84045799（总编室）
网　　址：www.taimeng.org.cn/thcbs/default.htm
E－m a i l：thcbs@126.com
经　　销：全国各地新华书店
印　　刷：保定市西城胶印有限公司
本书如有破损、缺页、装订错误，请与本社联系调换

开　　本：150×210　1/32			
字　　数：100千字		印　　张：7	
版　　次：2017年7月第1版		印　　次：2017年7月第1次印刷	
书　　号：ISBN 978-7-5168-1323-2			
定　　价：26.80元			

前言
Preface

　　孩子是父母眼中的天使，父母是孩子心目中的守护神。孩子的每一步成长都印证着父母的心血与汗水，同时也牵动着父母的心。可是，随着孩子一点点长大，很多父母却发现自己越来越猜不透孩子在想什么。

　　孩子会在幼儿园里为一个自己根本不喜欢的玩具跟小朋友大打出手；会忽然变得孤僻、敏感，只为一点儿小事就哭个不停；会变得做事磨磨蹭蹭，怎么催也不管用……父母们不禁疑惑：当初那个乖巧、听话的小天使到底怎么了？

　　其实，儿童的心灵就像是世界上最纯净的水晶，也是蕴含着无穷宝藏的宝库。他们每种行为的背后都蕴含着特殊的心理密码，需要大人们去用心挖掘。但因为儿童心理和思维上与成人存在差异，甚至完全不同，所以很多时候，父母并不理解孩子的行为代表着什么，甚至会把一些正常行为当作异常情况处理，以致引起孩子的不满甚至是反感。

那么，要如何打破父母与孩子之间的隔膜，走进孩子的内心世界呢？《儿童行为心理学》为你提供了最佳答案。本书通过对儿童爱哭、善变、冲动、不专注、独占欲强、爱钻牛角尖、孤僻、爱攀比、说谎、唯我独尊、争强好胜、喜欢提问等一系列最具代表性、最为普遍的儿童行为案例的分析，为你一步步揭开隐藏在孩子行为背后的心理学秘密，同时从情绪掌控、人际关系培养、心理透视、自控力培养、自我管理、树立合理期望值、正面积极的习惯养成以及思维能力锻炼八大方面入手，为家长如何应对孩子的各种异常行为，引导孩子心理健康成长提出了最中肯、实际的意见。

《儿童行为心理学》文字通俗易懂，其中没有高深晦涩的理论，只有最深入浅出的分析与讲解，适合所有对儿童行为感兴趣的人群阅读。如果你想做一个称职的父母，那你更要读一读这本书，因为它将为你搭建起通往儿童内心隐秘世界的桥梁，让你成为孩子心灵上的朋友，陪伴孩子一起健康、快乐地成长。

目录
Contents

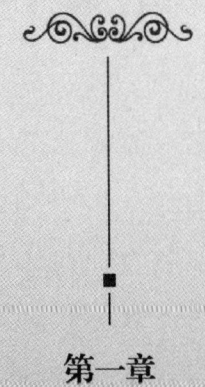

第一章

孩子发脾气了——妙用心理学疏导孩子的坏情绪

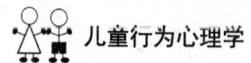

攻击他人——无目的性的情绪宣泄

3至5岁是孩子攻击性行为的多发阶段，这时的孩子会因为看到别人的玩具很漂亮，就产生内心想要得到的欲望，最直接的就是伸手拿，如果别人不给，孩子就可能本能地去抢，甚至很自然地用暴力的方式来获得自己想要的。而聪明委婉的孩子可能会直接说这个玩具多么不好，从而让对方难过，主动放弃玩具，自己就可以轻易获得了。因为孩子的逻辑很简单，所以孩子的这种攻击性行为未必是带有目的性的，他们只是想通过攻击获得自己想要的东西，从而间接造成了对他人的伤害。

而稍大一些的孩子可能会联合其他孩子用嘲笑等方式对某个孩子进行言语伤害，以此孤立这个孩子，这样的行为很明显是带有攻击性的，会不利于孩子处理人际关系。所以，不要以为你的孩子会攻击人，就不会受欺负。孩子的攻击性行为家长如果能加以正确引导，就可以变为人格中的积极成分，如坚忍的性格、顽强的意志品质等——这是孩子成长发展过程中所必需的。

　　幼儿园里，老师让大家在自己的区域内活动，超超看了一会儿《小猴浴室》，觉得无聊极了。于是他便把书往地上一扔，走到书架旁，使劲探头找着，可是找了好久，还是没找到自己喜欢的书，反而将原本整齐的书架翻得乱七八糟。翻得累了，超超就坐在书架旁边无聊地看着大家玩。

　　无意中，超超看见慧慧正在聚精会神地看《企鹅的故事》，他的眼睛立刻亮了起来，走过去什么也没说，一把从慧慧手里抢过书来，嘴里还说着："这是我的。"慧慧看得好好的，书就被超超抢走了，心里自然很不舒服。于是慧慧便试着跟超超抢，超超看到慧慧上来抢，更认定这是一本极好的书，于是便挥起拳头打向慧慧的后背。幼儿园老师看见了，赶紧把慧慧和超超分开了，真要是打起来，伤了谁都不好。

　　后来，幼儿园老师给超超的妈妈打电话，说超超经常在自由活动的时候欺负别的小朋友，已经不是第一次了。有一次，超超拿着呼啦圈一个人在一旁玩，看见别的小朋友坐着蹦蹦球正跳得开心，他竟然上前一把抢过人家的蹦蹦球，并用呼啦圈死死地拽着对方

的脖子。超超的妈妈听了很是害怕，这万一要是伤了
人家小孩，那可不得了啊！

可是妈妈回家之后转念一想，反正受伤的又不是
自己家的小孩，超超这样也是厉害的表现啊！自己工
作挺忙的呢，哪有时间管孩子在幼儿园打了谁啊！再
说了，哪有孩子不打架的呢！于是她并没有教育超
超，想着小孩子怎么会下狠手打人呢，一定是幼儿园
老师太过于夸张了。

显然，超超是一个典型的具有攻击性行为的幼儿。在班
里，他倚仗自己的优势，欺负比他弱小的同伴。而家长得知后
也从不严厉批评他，而是不了了之，甚至有点维护自己的孩子
的心理，更加纵容了超超的攻击性行为。其实，像超超这种攻
击性行为不仅会给别的小朋友带来伤害，甚至还会发生危及别
的小朋友生命的事件。何况谁也不愿意和这种有攻击性行为的
孩子玩，就会让这种孩子更感到孤独，不利于身心发展。

幼儿攻击他人后如果尝到了"甜头"，得到其所需物品或
者受到家长的夸奖，他们就会认为人就应该使用这种攻击性行
为，而一般不会对自己的行为进行反省。这样往往会影响到孩

子的成长，而攻击性行为则会"定型"或加剧，直接影响到孩子将来的人格发展。而这就需要家长让孩子认识到攻击他人是一种很令人讨厌的行为，会受到别人的嫌弃，使孩子一点点改掉这种行为习惯。

▲ 孩子需要分享、理解与疼爱，不需要说教、责骂与冷落

《情感智商》的作者戈尔曼曾指出："童年是塑造人生情感倾向的重要时机。"而萌发各种情感的重要时期是幼儿期，更是培养儿童健康情感的黄金时间。有攻击性行为的儿童自我认同感往往较差，他们由于比一般孩子更多地受到批评，故自

卑抱怨心理较强，总认为他人对自己不理解，索性破罐子破摔。这些孩子常对他人进行有意伤害，也包括语言伤害。其实，这更是情感脆弱的一种表现。

年纪小的孩子没有强烈的是非观念，他们的语言往往可能只是一种情绪的宣泄。比如孩子说打死妈妈，也可能是反映自己对妈妈的不满意。也有一种可能，孩子本来比较喜欢妈妈，但妈妈对小孩的管教太粗暴，做法跟孩子的期待有落差。即使在这类幼儿身上的攻击性行为是由其主观情感所影响的，但也必定与这些孩子的成长环境、教育因素密切联系。冷漠的家长总是挫伤孩子的情感需要，并常会反复无常地惩罚孩子，还允许孩子表现攻击性冲动，从而更容易培养出具有攻击性的儿童。

孩子的攻击性其实是一面镜子，家长可以看到镜子里的自己。在幼儿期内，对孩子良好情感的培养和教育是极为重要的，硬性管教孩子的攻击性行为或者对孩子的攻击性行为不理睬，都会酿成恶果，所以要把积极的情感教育作为儿童未来健康发展的良好基础来认真对待。

具体做法是：

1.减少攻击性行为的刺激。日常生活中，有攻击倾向的玩具，如玩具枪、刀等，某些影视剧特别是有暴力情节的影视剧，可能会使孩子学会一些攻击性行为。应让孩子尽量少接触这些，避免孩子模仿。

2.积极引导孩子。当孩子出现攻击性行为时，家长不要训斥、批评孩子的攻击性行为，而是要以平和的方式及时对孩子的行为进行纠正和引导。

3.实行短时间内的"冷处理"。家长可以对孩子的攻击性行为故意忽略，让他独自待在房间里，或暂时剥夺其参加某项活动的权利等，也许会使孩子"若有所悟"。同时，家长一定要让孩子明白为什么会"坐冷板凳"，同时要注意安全，时间不宜过长。

4.反省自己的教育方式。平时家长对待孩子要求严苛，或者对孩子不守信用，造成了孩子心里对家长的极度不满，从而在语言行为上表现出了父母的坏影响。所以，家长越是对那些有打人、咬人倾向的孩子，越是要避免使用暴力。

5.奖惩得当。孩子做对了自然要奖励，而孩子做错了，自然要惩罚。可是打骂可能不但不会使孩子改正错误行为，甚至可能让其变成一个不怕任何打骂的"皮小孩"。惩罚措施最好能触动孩子的心灵。

乱发脾气——孩子在表达心理需求

雯雯是个固执的小孩，对自己认准的事情，不管对错都坚决不回头。雯雯妈妈说："雯雯要是脾气一上来，谁说都不听，怎么劝都不行。"

雯雯妈妈真是不知道怎么对付这小家伙了，于是就留心观察了雯雯的生活学习一阵子，结果发现雯雯一看到别人不耐烦，自己也就急了。即使别人不烦了，她还主动跟人家纠缠；人家都认输了，可她还是不依不饶的。

后来，每次妈妈见到雯雯不耐烦，她就和颜悦色地拥着雯雯："雯雯能不能告诉妈妈你在难过些什么？又为什么难过呢？"这样问了一阵儿，雯雯终于吞吞吐吐地说："我看你刚才生气，以为你不喜欢我了。""妈妈刚刚都发脾气了啊，那就是代表不喜欢我了啊。"雯雯斩钉截铁地说着。妈妈又说："发脾气就是不喜欢了？"雯雯想了想，似乎有点触动，不那么凶了。妈妈继而向雯雯声明她最爱雯雯了。于是雯雯便平静了许多，后来，雯雯渐渐变得平和，不那么容易就发脾气了。

雯雯妈妈通过与雯雯的交流，才知道她发脾气是因为感觉妈妈忽视了自己，于是想要通过发脾气来引起妈妈的注意，让妈妈多在乎她点。而在日常生活中，也要让孩子知道在任何时候家人都是在关注着他的，而他的坏脾气只会让别人更难受，这样不会讨人喜欢。由于孩子的自控力比较弱，在不良的环境下容易产生坏脾气，因此父母有必要弄清楚孩子的情绪类型，并采取有效的方法，帮助孩子形成好的习惯、好的脾气，把挑战转化为力量，帮助他成为众人眼中的乖孩子。

英国生物学家达尔文曾说过："脾气暴躁是人类较为卑劣的天性之一，人一旦发脾气就等于在人类进步的阶梯上倒退了一步。"他还接着分析说：刚生下来的婴儿，不会控制自己，从心理学的角度来看，孩子发脾气是种心理需求的表现。

不错，孩子不可能像成人那样认识事物，也不可能对其进行理性分析，而是凭着自己的情绪与兴趣来参与。随着生理、心理的发育，他们开始逐渐接触更多的事物，从而了解世界上哪些事物是对他不宜、不利，或者是有害的，才能在事情发生时做到平静。

许多小孩由于自我调控情绪能力较差，冲动性较为明显，常为一点小事就发脾气。特别是在父母苦口婆心劝说时，孩子会自己分析父母说的话，如果感到不够合理，就会马上冲动起来，大喊大叫。

愤怒是个人的欲求和意图遭到妨碍时产生的一种消极情绪体验。在日常生活中，每个人都不可避免地会产生愤怒的情绪体验。这种有害的情绪状态，会给人带来意想不到的麻烦，不仅伤害个人健康，也会使师生、同学、家人关系紧张。过度的愤怒还会使孩子丧失理智，因此让孩子学会控制情绪十分重要。对于爱发脾气的孩子，父母可以从以下几方面着手来纠正他：

1.孩子生气时，大人们要对孩子的情绪表示理解，并尽可能找出原因，这就需要孩子讲出来。如果孩子说不出来，那么大人可以采用试探性的语言来诱导孩子回想自己生气的原因。

2.愿望也需要说出来。孩子希望得到什么，可以直接讲，不能用拉长脸的方式向父母提要求，更不能用委屈和抱怨的消极态度。学会直接用言语表达自己的需要，比撒娇、吵闹更容易被满足。

3.榜样作用不可忽视。父母不需要在孩子面前掩饰自己愤怒的情绪，但尽量不要用脏话和脏字来宣泄，客观表达感受，才能引导孩子正确宣泄情绪。

4.孩子发怒时，不要答应孩子的任何要求。不要让孩子认为发脾气就能得到他想要的东西。你可以走开，不理睬他，或者让他回到自己的房间里或站到角落里。

5.抢先一步改掉孩子的脾气。孩子在商店里或家里来客人时，都会比较容易发脾气，因为父母在这些场合往往态度温和、妥协，孩子就正好有可乘之机。所以，父母应在这样的场合态度坚决，语气强硬，不答应就是不答应。

6.成人的事情与孩子无关。家长无暇顾及孩子的时候，孩子就会因缺失关爱而发脾气。这时家长就不要和孩子说自己的烦恼从而加剧孩子的紧张，而是应该陪孩子玩一会儿。

善变——孩子心理承受力薄弱

　　都说"孩子的脸，六月的天"，这话一点也不错。孩子在刚刚接触什么的时候都是认认真真的，可是时间稍长，孩子就会失去原有的新鲜感，变得不耐烦，甚至连做都懒得做。于是，很多老师和父母都会无奈地摇摇头，议论道，哎，现在的小孩子太娇气，受不得半点委屈，经不得一点挫折，一天变三变，说喜欢的是他，说不喜欢的也是他。做什么事都要爸爸妈妈帮忙，做什么事都没个坚持，虎头蛇尾的。如此下去，这些温室里的小花们可怎么能成大器呢……

　　实际上，半途而废是很多孩子的通病，也是很多家长的困惑。古人有曰："锲而舍之，朽木不折；锲而不舍，金石可镂。"顽强的毅力是取得成功的最好秘诀，坚持良好的习惯会终身受益。所以，家长作为孩子的第一任教师，就应该告诉他们，做事情要能够持之以恒，才会取得成功。

　　今年5岁的小美生日那天，爸爸特地跑到蛋糕房为她订做了一个生日蛋糕。蛋糕很漂亮，爸爸带着小美去拿的时候，小美伸手就想拿了吃。爸爸阻止了小美，并对她说："我们说好的，吃东西一定要大家一起吃，等妈妈回来再吃，好吗？"小美听话地点点头。

　　回到家里，一盒精美的蛋糕就这样放在桌上，奶油的香味丝丝缕缕传来。小美不再摆弄手里的芭比娃娃了，而是用眼睛紧盯着蛋糕，嘴里不停地念叨着："妈妈怎么还不回来？妈妈怎么还不回来？"说着，小美又开始不安分起来："爸爸，我可以先吃一点儿吗？""不可以！"爸爸断然回绝。"那我可以先看一看吗？"小美怯怯地说。

　　爸爸看小美那可怜的样子，就小心地解开丝带，掀掉纸盒。小美就趴在桌上仔细端详着。过了一会儿，小美悄悄地凑近爸爸的耳朵，小声说："爸爸，妈妈不回家，我不吃，拿掉塑料盖让我闻闻它的香味，行吗？"爸爸看着小美，把蛋糕盒子打开了。"真的好香哦！爸爸，我可以用舌头舔一舔吗？"小美终于忍不住了,她可怜巴巴地看着爸爸。

又过了一会儿,妈妈终于回来了。小美一下子雀跃了起来,她手舞足蹈地扑进了妈妈的怀抱。当爸爸再去看那盒蛋糕时,惊讶地发现小美舔掉了蛋糕最上面的两只羊角。

小美控制不了自己的行为,渐渐舔掉了蛋糕上的羊角,她虽然很想遵守和爸爸之间的约定,却最终还是没能抵抗得了蛋糕的诱惑。坚持是成功的重要保证,一个人只有学会坚持,才能达到成功的顶点。孩子的心理承受能力本来就弱,打击、挫折、诱惑与失败,这些都会使孩子的心情产生变化,从而轻易放弃。所以,孩子要取得成功,就要学会在自己的兴趣、爱好上坚持,然后逐渐培养坚强、稳定的心境,以此为其后的学习和终身发展奠定基础。

曾经有一个少年作家,因为一本畅销书而成为人们追捧的对象。当记者问他成功的秘诀时,这位少年很淡定地说:"我没什么特殊的秘诀,就是坚持下来了。"后来,有粉丝翻出他的资料来,说在他上小学一年级的时候,老师要求学生坚持每天记日记、读书,他就认准了这个理,一直坚持写作。即使他现在这么有名，还是每天坚持读一个小时的课外书，文学的、历史的、人物的、哲学的，不管时间多忙，都要坚持一个小时，并且每天坚持写800字以上的日记或随笔。

很多科学研究表明，坚持性不仅对孩子形成健康人格具有重要作用，而且对发展各种能力也具有十分重要的意义。因此，家长要在幼儿期就注重培养孩子的这种心性：

1.家长以身作则，培养孩子的坚持性。家长是孩子模仿的对象，家长任何有关坚持的行为与言语都会影响孩子。要给宝宝做个好榜样，克服惰性，坚持做事。特别是日常作息习惯，会直接给孩子带来有益的影响。

2.孩子专注时不要随便打扰。当孩子正在做一件事情，并表现出浓厚的兴趣时，就让他们多沉浸在自己喜欢的活动中一会儿吧。孩子的思维活动需要连续性，如果经常受到干扰和打断，他们的心就静不下来，长此以往，对什么事都没有兴趣和热情了，孩子的坚持性差也就不难理解了。

3.多和宝宝一起做培养坚持性的游戏。比如陪孩子玩棋类游戏，一开始孩子不能玩棋子太多的，因为他们会被太多的棋子搞晕，那就从五子棋开始。如果孩子能坚持完成，爸爸妈妈应该给予一定的鼓励和赞许，那么孩子参与活动的积极性会更高；同时要相信宝宝可以控制自己，坚持达到目标，并体验到通过坚持而获得的由衷快乐。

4.给孩子选择的机会。爸爸妈妈可以让宝宝自己做选择，但是要求孩子一旦选择就必须坚持到底，遇到再大的困难也要有信心和毅力去克服。而爸爸妈妈提要求时的语气要坚定，不可在孩子身边不停地唠叨，更不要训斥打骂孩子。这样，孩子可能会一心一意地学习某个项目，其本身的坚持性也会得到加强。

5.帮助孩子制订计划。根据孩子的能力提出具体、明确的要求，让孩子拥有明确的目标。对于一些难度较大的任务，爸爸妈妈可以分解成一个个小目标或分步骤让孩子完成；对较难完成的事，爸爸妈妈可以和孩子一起做，给孩子适当的引导和帮助，教孩子一些克服困难的方法和技巧。

爱哭——孩子在释放情绪

我们经常会听见一些家长感叹现在的孩子太不容易教了。为了一些小事，孩子就会哭闹，有时候大人看着孩子委屈的小脸不忍心，就去开导孩了，孩子反而会哭闹得更厉害。不过，只要大人们不讲话了，也不开导了，孩子就会停下来。

其实，孩子慢慢长大了，心里想的东西越来越多，那种"给块糖就不哭"的日子已一去不复返。大人们会感慨孩子是不是出了什么问题。其实，这只是孩子们真正开始用心去感受世界，开始寻找自己的朋友，开始试图将心里的烦恼忧愁对一些人倾诉，开始注意别人的眼光，并想方设法引人注意的表现。此时的他们心里充满幻想，跃跃欲试，而心灵也更为脆弱，往往会因为身边最亲近的人的关怀而得到宣泄情绪的机会，也会因为身边亲近的人的训斥而感到伤心绝望。

楠楠因为父母工作忙，就交由保姆看护着。不过

楠楠很是乖巧，摔倒后都是自己爬起来，又继续去玩，一点也不哭闹。

　　春节到了，楠楠在外地的爷爷奶奶来了，对这个小孙女更是爱护有加。这天，楠楠玩着玩着一下子摔倒了，爷爷奶奶大惊失色地跑过去，抱起小楠楠又是哄又是劝又是安抚，小楠楠先是一愣，后来却哭得越来越大声；而爷爷奶奶越是安抚，她越是哭得厉害，最后甚至哭到上气不接下气，爷爷奶奶心疼坏了。正在这时，楠楠的妈妈回来了，知道了事情的经过后，妈妈不让爷爷奶奶再哄楠楠，而是把她抱起来，让她自己待在沙发上，过了一会儿，楠楠居然真的不哭了。

　　像楠楠这么大的孩子对事物的判断是以大人的情绪表现为参照物的，越小的孩子越是会受到大人的影响。当楠楠在保姆面前摔倒的时候，看着保姆平静的表情，自己也不觉得痛了，可是爷爷奶奶发现楠楠摔倒后很是紧张，导致楠楠对自己的疼痛做出了错误判断，而在紧张情绪的感染下，越哄越觉得疼痛，也就越是哭得厉害。

　　每个人都应当学会发泄情绪，尤其是孩子。他们幼小的心理承受能力差，也不会用大道理来开解自己，只能将情绪发泄出来，而哭就是最直接的方式。所以，在他们感觉到气氛紧张的时候就会大哭，并随着大人和周围气氛的紧张而哭得越发厉害。适当地释放情绪，对孩子们的身心都有好处。实际上，尽管孩子宣泄情绪的方式有些过激，但大人所要做的不是阻止他们，而是要引导他们的情绪，让他们变得平和。

▲ 孩子的眼睛是世上最敏锐的东西，他们能察觉到他人心理的微妙变化

　　著名心理学家弗洛伊德说过，幼儿年龄小，对情绪宣泄具有不明确等问题，因而还不能根据场合合理地宣泄情绪。不正

确的宣泄方法对他们有很多危害，而大人过分的关怀和紧张，会助长孩子急躁不安、倔强、无理取闹的坏脾气，在性格方面还会引发自闭症、退缩、缺乏信心等。

与此同时，弗洛伊德还充分肯定了情绪宣泄对维护心理健康的价值。他认为当人有情绪时，讲出一切就能够减轻精神上的症状。所以，让幼儿有机会通过言语的或非言语的方式表达自己的情绪、情感，就能减轻他们精神上的压力，而这种精神压力如果处理不当就可能变成精神创伤，一辈子刻印在心中。当然，不良的宣泄还会影响他人的生活和集体的规范。

弗洛伊德的观点直接说明了孩子情绪发泄的重要性。因为儿童表达能力欠缺，又缺乏合适的倾诉对象，如果消极的情绪没有得到很好的调节，就会出现问题，最终发展到不适应现实生活环境的地步。

孩子越哄越哭，可能是因为受到家长情绪的影响。作为父母要有一双敏锐的眼睛，洞察孩子的情绪，引导孩子找到一种好的发泄方式，并试着安稳自己的内心，积极与孩子进行心与心的交流和疏导，让孩子的情绪得以释放，并能平和自己的情绪。给孩子树立榜样示范，这样才会相处得更和睦、更愉快。具体做法是：

1.家长要以柔克刚。孩子越哄越哭时,大人的心境必须先平和下来,轻轻地拥抱着他,抚摸他的身体。孩子感受到你的安抚,获得了安全感,会慢慢平静下来。然后大人再耐心询问他到底想要做什么,温柔地制止孩子的不良宣泄行为,引导孩子说出自己的不满。切不可用大声训斥或惊慌失措来刺激孩子,激化孩子的情绪。

2.对症下药。孩子坏情绪的产生都是有因可循的,家长要了解孩子不良情绪宣泄的原因,有针对性地调控孩子的心态。如果孩子是想通过极端的手段来达到愿望或得到满足,家长可以温和地指出不合理性,然后通过语言或外界事物,巧妙地转移孩子的注意力,让孩子从糟糕的情绪中解脱出来,停止不良的宣泄行为。如果孩子有消极感受如恐惧、愤怒,那么家长要抱紧他,想办法消除他的恐惧感。

3.帮助孩子合理宣泄情绪。待在孩子的身边,让他哭个够;或拿一张白纸,让孩子撕扯,或用笔在上面乱涂等安全的宣泄方式,可以让孩子尽情宣泄情绪中的不满,又不做出伤害别人的事情。

4.重视游戏对孩子健康发展的推动作用。游戏是孩子自我表现的手段,是孩子学习和实践的天然表达方式。在游戏中,孩子很容易与他们的玩具产生"亲密"关系，并表现出在家中受关心时的感受。可以利用游戏促进孩子的沟通和表达能力，使成人真正了解儿童的世界。

"哎呀，真是丢人，别人肯定会批评我没有管教好孩子！"这是当孩子在众人面前有异常表现时，父母首先会想到的。很少有家长会首先安慰下自己的孩子，继而劝说孩子，大多数家长都是希望孩子能够立刻安静下来，就好像身上装了开关键的娃娃，可以立刻停止唱歌。而孩子似乎总是不配合，可能会因为一点小事就会在众人面前"发作"，有时候莫名其妙地让父母措手不及，越是劝说就越是耍脾气。

孩子最初发脾气是本能地为了发泄愤怒和不满，可当孩子发现这样做却可以控制父母，让父母满足自己的各种要求时，发脾气就成为了一种向父母提要求的手段，而且会随着家长的劝导而严重，甚至大哭大闹起来。这样看来，孩子的表达中，愤怒和不满倒显得不那么多了，而是变成了一种孩子对于家长的情感需要。

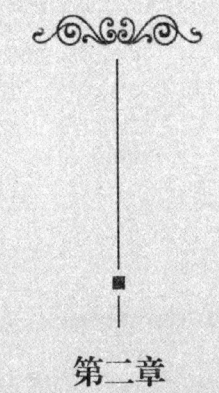

第二章

孩子为什么不合群——用心理学法则帮孩子打造人际关系

不愿称赞别人——在对比中感到自卑

　　每个人都喜欢被赞美，因为每个人都渴望得到别人的肯定与认可。在我们的生活中，一个善于发现别人长处、善于赞扬别人优点的人，绝不会只是单方面地给予和付出，他必然会得到很大的收获。可是，有很多孩子在做好一件事情后，会希望得到大人的表扬，而在看到别的小朋友做好一件事情的时候，却不乐意赞美，甚至可能表现出不屑，这是因为他们在无形中看出了自己与别人的差距，得不到精神上的满足。

　　其实，赞美和欣赏都是一种积极的情绪，相比较于吝惜赞美，学会赞美和欣赏别人是一种潜在的激励自己的动力，更有助于自己的进步。因为当我们赞扬别人的时候，这种榜样的力量也会带动我们继续努力，使我们表现得更好。而对别人的赞美和欣赏，也会让别人获得鼓励，从而对自己产生好感，无形中增强自己的凝聚力。

有一次，王大仁和父母到叔叔家做客，叔叔一家很热情，婶婶还特意烧了一桌丰盛的菜，来招待王大仁一家。可是婶婶平日里很少下厨，烧菜手艺不怎么样。王大仁的父母面面相觑，不知该说什么好。婶婶也满面通红，坐立不安，还问大家要不要叫点外卖。

这时，王大仁拿起筷子，津津有味地吃起来，笑眯眯地说："婶婶烧的菜味道真是很特别啊，我有个同学就爱吃特别的东西，下次也请他来婶婶您家吃饭好吗？"婶婶立刻喜笑颜开，开心地点头，说："好啊，王大仁真是个好孩子，还记得同学的口味啊。"于是饭桌上大家的话题一转，尴尬的气氛立刻得到了缓解，大家很开心地吃起来。

王大仁的一句赞美之言，让原本难吃的菜有了特殊的价值。这让原本不知所措的婶婶变得自然起来，缓和了饭桌上的气氛，也让别人觉得王大仁是个聪明而有教养的孩子。可见，赞美有着特别的力量，在人际交往中有着极为重要的调和作用。

马斯洛层次理论认为：自尊和自我实现是一个人较高层次的需求，它一般表现为荣誉感和成就感。而荣誉和成就的取得，还需得到社会的认可。赞扬的作用，就是把他人需要的荣誉感和成就感，送到对方手里。当对方的行为得到你真心实意的赞许时，对方看到的是别人对自己努力的认同和肯定。自己渴望别人赞许的愿望在荣誉感和成就感接踵而来时得到满足，能在心理上得到强化和鼓舞，从而更有力地发挥自身的主观能动性，向着自己的目标冲击。

在现实生活中，说赞美的话是与人交际中必备的技巧。赞美得体，不但能保护对方的面子，给人积极的影响，还能给对方的心灵带来温暖。赞美是个人修养的体现，向别人传递一个真诚的赞美，有着巨大的效力，孩子的赞美也具有同样的影响力。而要让孩子学会赞美别人，父母要从以下几方面教导孩子：

1.学会真诚赞美别人。赞美一定要真诚。如果伙伴把事情搞砸了，你却"不失时机"地赞美他，赞美就变成一种讽刺了。大人要告诉孩子，不真诚的赞美往往会起反作用，不但不会使别人舒畅，反倒会伤害别人，只有真诚赞美别人的人才能真正得到别人的爱。

2.赞美时要对事不对人。大人教孩子赞美别人时，要特别指出，不能毫无根据地赞美，而是应赞美事情本身，不要只是说："你真是太好啦!"那毫无意义，会让人莫名其妙。

3.在表扬时，可以以具体明确的语言、表情称赞对方的行为。大人要在生活中给孩子以榜样示范，赞扬不同的人要采取不同的方式。那么孩子在赞扬同学时，就会用平等、热情、情不自禁的口气，而在赞美长辈时，就会怀着敬佩、尊重、学习的心情。

4.间接赞美也是一种赞美。大人要教孩子，不仅有口头赞美，更可以以眼神、动作、姿势来赞美和鼓励别人。可以用微笑、惊叹或是夸张地瞪大眼睛表示对别人能力的倾慕和敬畏。这种方式是容易被对方接纳的。

5.培养孩子的"美感"。首先要通过孩子的视觉、听觉让孩子感受世间一切美好的事物，家长应不时地用语言向孩子讲述这些"美"的东西，让一种"美"的感受在孩子的大脑中保存下来。随着孩子的生长发育，社会交往不断扩大，生活经验不断积累，应该开始让他对家人和接触的外人的优点进行赞扬，久而久之，这种良好的行为就会成为一种习惯固定下来。

唯我独尊——孩子没有学会分享

我们经常会在超市里看到，一些孩子会硬抱着自己喜欢的东西，撒娇让家人买。如果家长拒绝，有时候孩子甚至会打着滚地哭闹。在幼儿园里，也能经常看到这样的情景：两个孩子为了同一件玩具发生争吵甚至打斗，并不是玩具多好玩，只是小朋友之间为争夺更多的玩具，宁愿自己拿着玩具不玩，也不愿让给别人玩。

这是因为现在的孩子大多是独生子女，是家中众人关怀、照顾的唯一对象，从而养成了他们以自我为中心，乐意接受别人的东西，却不愿意将自己的东西与人分享的坏习惯。他们只知道独享是快乐的，却不知道分享有着更多的快乐。

于冥的奶奶一直很溺爱于冥，总是把最好的留给于冥。这天，于冥放假在奶奶家，奶奶把西瓜一切两半，于冥的妈妈接着就把西瓜切成小块。于冥看见了，特着急，直到最后妈妈切完了西瓜，于冥就大哭起来。一家人围着桌子吃西瓜本来是开心的事，可被于冥这一闹，大家都显得不知所措了。奶奶自然知道乖孙子为什么哭，平日里奶奶给孙子吃的都是中间没有籽而且最甜的西瓜，于是于冥就养成了这样的习惯，这会儿没有了最中间的西瓜，自然不习惯了。奶奶就索性把每块西瓜的顶尖挖下来给孙子，果然这孙子立刻就不哭了。

妈妈见状，非常生气，她说西瓜都是大家一起吃，直接切成一块块的让孩子拿着吃，别给孩子搞特殊。而奶奶还振振有词地说当年外甥女就是这样吃的。而爸爸却说，之所以这样，才导致现在外甥女吃东西，不好吃的啃一口就扔给她爸妈，都是奶奶那时候惯的。爸爸还无奈地说起了丁冥在幼儿园里的坏习惯，他拒绝和任何人分享他的玩具，即使是小伙伴到家里玩时，他也会很不高兴地从小伙伴们手中夺回玩具，并大叫："不要动我的东西！"

正是因为当初奶奶那样疼爱于冥，结果造成于冥认为西瓜的中心才是他应该吃的，而其他的好吃的也应该是他一个人的，不好吃的不爱吃的才轮得到爸妈来吃。奶奶和妈妈虽然都是爱护孩子的，但妈妈则更为理性，知道不能一味惯着孩子，要让孩子学会分享，这样才会利于孩子今后的性格发展。

生活中，不少年轻的父母视孩子为掌上明珠，小小的孩子恰似一颗"恒星"，一家人都围着他转。"骄儿一日百年悔"，如果让孩子经常吃"独食"，或者把大的、多的给他，时间一长，在孩子的头脑中就形成这样一个观念：凡好吃的东西或者大的多的，都是给他的，自己理应受到优待。一旦得不到就会无理取闹，甚至会酿成不良的后果。名为爱子，实为害子。其实，从小培养孩子与他人分享的意识很重要，这样不仅能让孩子形成帮助别人、和小朋友友好相处的意识，更能让孩子尊敬长辈、关心父母。

苏联著名教育家马卡连柯曾深刻地指出："一个独生子女成为家庭关注的中心是不应该的。父母要是甘心这样做，就不可能使自己摆脱掉事事以孩子为中心而俯首屈从的有害倾向。"其实，要教育好独生子女，使他们具有良好的品行，就要从小注意让孩子习惯于与别人平等生活。比如，在家里吃糖果或吃点心，父母就要有意识地人人分到，不能光让孩子一人享用，要使孩子意识到，这些东西不仅他可以吃，爷爷奶奶和爸爸妈妈也可以吃。

▲ 对于儿童来说，集体生活是他适应社会化的必经之路

　　孩子要学会主动与人分享，并乐于分享，是要经过一个漫长的过程的。在这期间，需要父母给予正面的引导，提供分享的机会，让孩子亲身体验与人分享的愉悦感受。如果孩子做得好，父母要对孩子进行表扬，这样有助于他们将这种好习惯保持下去。父母还需适时激励，从而使孩子产生与人分享的强烈愿望，这样才有助于分享的习惯养成。具体做法是：

　　1.多交往，学会分享。要养成孩子关爱他人、谦让友好的习惯，家长就应该多创造机会让孩子与其他小朋友一起玩，使孩子变得大方得体，学会与人交往的技巧。

2.鼓励孩子与人分享。当孩子表现出与他人分享的行为时，家长就应该及时鼓励表扬，让孩子感受分享的快乐，让孩子看到家长的肯定。

3.互换角色，感受分享。与孩子一起玩耍时，如果孩子想要你手中玩具，你就说"不"。当小家伙感觉心烦时，你不妨晓之以理，让他明白"只有学会与小朋友分享玩具，大家才能开心地一起玩耍"。

4.所有权、尊重是分享的前提。家长给孩子买了玩具，那么这一件东西的所有权就是孩子的，孩子有支配和使用这个玩具的权力，除非他们自己愿意，否则我们不要强迫孩子跟别人分享。只有尊重孩子的意愿，孩子才会愿意分享。

肢体冲突——辨别是不是真正的"欺负"

担心孩子在外受欺负，是家长们难免的担忧。我们身边总会有一些家长为孩子在幼儿园或学校受欺负的事情而烦恼。确实，孩子受欺负，家长很心疼，却又帮不上忙，也不能特意让孩子去学会打架、报复。有时候，孩子会告诉大人，可是这毕竟是孩子之间的事，大人牵扯进来，就不再是小事了啊！

相信大多数家长都有过此类切身体验，也为此感到困惑：是教孩子讲理、回避，还是教孩子用拳头说话？可如果孩子个头小、性子弱，打不赢怎么办？家长出面，孩子能赢一辈子吗？其实，孩子的世界和大人的不一样。大人见到孩子受欺负，应首先保持冷静，最好的办法是让孩子自己解决，毕竟那是孩子长时间生活的环境，而孩子之间的问题只有孩子自己去解决才能有更好的结果，一味地帮下去，孩子便永远不会"对付"这种事情。

　　小果上幼儿园大班了，他性格老实，有时候跟班上的小朋友玩，挨了打也不还手。妈妈为此非常担心，爸爸认为，男孩子之间打打闹闹很正常，要分清楚情况，大部分都是打着玩儿的。如果真打疼了，就要教孩子反抗。一般不用教，孩子也会还手。所以爸爸告诉小果："我们不先动手打人，但别人先动手，不管是谁你都给我打回来，否则就别在父母面前哭。"

　　这天，小果在幼儿园里又和一个孩子发生争执，那个孩子在小果的脸上抓了一道血印子，小果突然愣住了，也没还手。老师见小果伤势有点严重了，便把小果的妈妈叫来了。妈妈看见小果的样子，很是心疼，还说："我以前不是告诉你了吗？对于经常打人的小朋友，就要躲啊，不跟他玩。"

小果的爸爸妈妈对于小果"挨打"的事情，有着不同的观点，小果自己在受到"欺负"的时候竟然愣了一下，因为他根本不知道该听妈妈的，还是听爸爸的。其实，受了欺负的小孩，应该学会自己面对。有时孩子之间不知应该怎样表达自己的情绪，可能就发生了肢体冲突，而不是真正的"欺负"。家长则要保持冷静，因为不了解情况，只会越帮越乱。一般的小事让孩子自己处理，真是严重了就必须告诉老师，也可以告诉孩子怎么样保护自己。但孩子之间的打斗跟成人之间的打斗是有本质区别的，他们的打斗更多的是带有游戏的成分，也正是在打斗的过程中，他们慢慢学会了与周围小朋友如何交往。

实际上，随着孩子们相互之间越来越熟悉，"欺负"的事情也会越来越少。对孩子来说，他们也还没有建立起吃亏不吃亏的概念，所谓吃亏不吃亏是大人的想法。他们刚打完架，眼泪一抹，又可以搂抱在一起亲密无间。所以只要保证孩子安全，没有必要把孩子们之间的打斗看得过于严重。在孩子受到"欺负"时，家长的紧张心情可以理解，但也不必非要让孩子争个你赢我输。

拜伦在阿伯丁上小学时，因跛足很少运动，身体虚胖，走路都困难，所以经常遭到几个同学的嘲笑。

这天，几个健壮的同学在操场上踢足球，拜伦在旁边出神地观看。一个健壮而顽皮的同学郎司走过来，看他观看得入神，硬要拉他去踢足球。拜伦不肯，郎司便恶作剧地找来一只竹篮子，强迫拜伦把一只脚放进去，"穿"着这只篮子绕场一圈。当时拜伦真想扑上去打郎司一拳，但他怎么打得过高大健壮的郎司呢？无奈，他只好忍气吞声地把竹篮"穿"在脚上，一瘸一拐地绕操场走起来。同学们都围过来看他走路，并笑得前仰后合，郎司更是开心得双脚在地上跳。

拜伦受到郎司的当众侮辱，但他并没有将此事告诉家人，而是刻苦参加各项运动，不再因为自己的身体缺陷而拒绝参加运动。

一年半以后，拜伦的体质明显增强了，手臂上的肌肉也凸了起来，他在球场上，能像三级跳远运动员那样连续不断地飞跑。很多人奇怪他为什么会成了飞人，他说那是因为以前边看别人踢球，也会边在自己的脑海里想着自己该怎样拦截、抢球、射门啊。

不久，拜伦参加了学校运动会，恰巧在拳击比赛中与郎司相遇。激战相持了很久，最后，拜伦一个勾手拳，击中郎司下巴，把他打倒在台上。在场观众无一不为拜伦的意志、力量和耐力而鼓掌。

拜伦并没有因为自己受到同学的欺负而找家长哭诉，而是自己找出原因，刻苦锻炼，终于在真正的赛场上战胜了曾经嘲笑自己的人，彻底雪耻。拜伦的故事给了所有的孩子一个有益的启示，那就是要有独立的个性、开朗的性格、宽阔的胸怀、勇敢的意志、压倒一切的气势，并树立探索精神。受欺负时不还手并不是缺乏自我保护意识，而是一种积蓄的开始，只有自己勇敢、坚强起来，才会赢得别人的掌声与尊重。

在孩子很小时，要着重对勇敢和勇气的培养，过分呵护、关心，只会让孩子胆怯和娇气。孩子跌跟头，哭了，让他们自己学会爬起来继续前进。虽然这个过程会痛苦又漫长，但却可以让孩子更自立，更独立。而作为家长，更应该有预见性，对自己的教育方式及孩子的性格要心中有数，不能等孩子被人欺负了才反省。

1.让孩子学会独立思考和行事。环境千变万化，家长教育不可能面面俱到。由于在家备受呵护关爱，孩子往往爱说爱笑，也很聪明。可离开家长后，孩子遇到问题便没了依靠。早点让孩子学会独立思考和独立做事，便不会出现孩子不知所措的情况了。

2.寻求老师帮助。多数情况下，父母不必介入孩子间的纷争。但如果孩子受欺负的事情持续发生，父母可以请老师协助沟通，解决问题。与老师沟通时态度要平和，一味指责老师只会让事情变糟。

3.面对嘲笑不理睬。有时孩子受到的欺负并非打骂，而是嘲笑。对这种情形，父母可教孩子用严肃的目光盯着别人，并严厉地说："我不喜欢你这样嘲弄我。希望你以后不要这样。"然后走开，对对方的谩骂不予理睬。

4.受欺负时要大声呼喊。有的孩子被欺负时，一声不吭，甚至退到墙角，只会哭，这样往往会招来更多的欺负。教他们学会用大声呼喊表示抵抗。一方面，这样能引起旁人注意，寻求别人的帮助；另一方面，也是给欺负者一种警告和示威。

5.勇于表达个人意愿。在家里要让孩子学会大声说话。很多事情要和孩子商量，让孩子意识到个人价值，知道"我"的主权不容侵犯。

6.帮助孩子建立自信。多鼓励孩子，当孩子有了自信，才会开始自我保护。

交"坏"朋友——孩子道德意识浅薄

　　生活中，大人特别害怕自己的孩子交到"坏朋友"，尤其是男孩，他们可能为了追求所谓的"酷"和"刺激"，加入一些"不良团伙"。当然，在这些男孩心目中，他们绝不会认为，他自己所加入的那个集体是"不良团伙"，反倒会觉得他的那些朋友根本不是大人嘴里说的坏孩子。他们对自己很好，也很讲义气，每次在自己受到别人欺负时，他们总是二话不说地去给自己"出头"。其实，打着友情的旗号去打架，往往是孩子体现英雄情结的常见方式，特别是男孩。所以，孩子会坚决地站在"我们都是好哥们"的立场上，不管大人们说什么都会极力维护。

　　这是因为孩子的是非分辨能力并不是很强，或者说，孩子的自我控制能力很差，家长怕孩子跟着学坏。男孩们会认为，朋友之间讲"义气"和"出手相助"是再正常不过的行为。可是，这并不是一种能够维护朋友之间情意的有效方式。要让孩子明

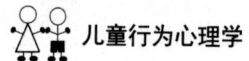

白，朋友之间应该相互帮助，但不能为了朋友混淆了是非。

爽爽6岁多，从小就很重感情，哪个小朋友对自己好，爽爽就对哪个小同伴"痴心"一片，好吃的好玩的都给他。周末的时候还请同伴到家来玩，总是很怕别人会不搭理自己。

这天午饭后，爽爽去找同伴玩，结果妈妈从楼下经过，看见爽爽一个人站在太阳下晒着。妈妈刚要去叫爽爽，发现爽爽正在朝一个窗子扔小石子。妈妈很是好奇，好言叫爽爽回家，可是爽爽却说自己的小伙伴被这家的小孩欺负了，要找他讨回公道，可是这个孩子回家了，怎么叫都不出来。妈妈就拉着爽爽的手往家走，让爽爽回家等。爽爽不乐意了，非要在楼下等，还发起脾气来。

妈妈说："爽爽啊，那你也不能往人家窗上扔小石头啊，玻璃会被打碎的。"

爽爽辩解道："那他还打小朋友呢，我就要打碎他家的窗子。"

妈妈硬拉着爽爽回家，回家后就骂了爽爽，并警

告她以后不准再这样做。爽爽很伤心地哭着说："我
的朋友因为他受伤了，我为什么不能帮我的朋友？他
还打人呢，我只是砸了他家的窗户！"

尽管爽爽挨了骂，但显然她并不认为自己做错了，反倒觉
得自己是为朋友两肋插刀的"英雄"。对此，父母们一定要告
诉孩子，永远站在朋友那边，并不是正义的英雄行为，只有和
"正"在一起的，才能叫"义"，只有伸张正义的行为才能称
得上是英雄行为。单纯为了朋友"报仇"而打架，或者是做一
些不道德的事情，本身就不是正确的事情，即使打赢了也谈不
上"义气"，更不能被称为英雄。要时刻让孩子把"正义"
牢记在心里，不能莽撞地因为英雄情结的名义和朋友之间的
情面而做出错事和傻事。

幼儿的道德认识很肤浅，对某些道理尚未准确理解，遇事
常因概念混淆、经验不足导致行为上的错误。他们常以自己的
好恶来评价别人的行为，而不能掌握客观的标准，简单地认为
好朋友做的就是对的。因此，要培养幼儿正确的道德行为，应
从确立正确的道德认识入手，将教育融于有目的、有计划的多
种实践活动之中。

▲ 通过周围世界的美教育孩子，才能让孩子拥有美的品质

如果自己的孩子因为别的"坏"朋友打架，家长往往会责备孩子身边的"坏"朋友，并警告孩子远离他们，这会让孩子很反感，更会因为父母对自己朋友的不认可和诋毁，变得越加叛逆。要解决这样的问题，大人最好不要"一刀切"地要求孩子抛弃身边的朋友。不可否认，这些朋友对孩子的影响的确很大，但朋友也是目前孩子克服内在孤独感的一种强大力量，并能帮助孩子正确认识自己，提高自己的能力。家长要谨记耐心对孩子讲道理，说明白孰是孰非。

大人们发现自己的孩子加入了同学间的小圈子时，也不要紧张，可以互相联系起来，互通信息，了解孩子的动向，及时进行干预，减少孩子的不良行为，使他们的圈子改变为"团队"的形式。这样既能维系他们之间的友谊，又可以建构一些新的观念，让他们不断往健康的方向发展，还能让孩子之间相互鼓励，达成积极向上的目标并为之努力。

1.在孩子与朋友交往的时候，大人们就要有意识地给孩子树立正确的价值观念。买一些行为判断方面的幼儿书，让小孩通过书本观察、分析、判断，训练他们的观察能力、分析能力、判断能力、明辨是非的能力。

2.父母和小孩一块玩耍时，可以任意地创设情境，从情境中明辨是非。家长必须注重自己在家中的一言一行，给孩子树立良好的榜样。同时，家长时时处处要有一个正确的判断是非的观念，让孩子在大人的教育中掌握正确的判断事物好坏的标准。家长也不要把自己错误的观念强行施加给孩子，使得孩子丧失自己判断事物的能力，导致孩子将来很难适应社会发展。

3.社会这个大熔炉是最锻炼人的活教材，最能训练小孩对具体的行为进行观察分析的能力。在日常生活中，不断地对孩子进行行为判断训练，天长日久，孩子明辨是非的能力就能逐步形成。

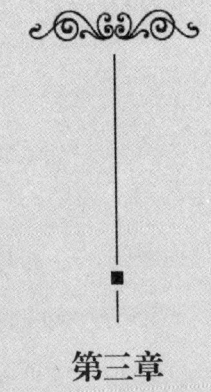

第三章

孩子言行异常——透视孩子心理 不要走入教育误区

孤僻——自我意识发展的表现

现在的独生子女相当普遍，独生的环境，易使孩子产生孤独的性格，这个道理是显而易见的。通过平时的观察，我们发现有不少孩子不爱讲话，不爱与人交往，性格孤僻。有位独生子女说，作为孩子，有些话题和父母是谈不来的，自己平时很多心事只能放在心里，快乐和忧伤都是自己一个人承担。

中国心理学会科普专业委员会的吴世煌教授说，目前在一些城镇地区，独生子女比例占到90%。他们是"心理脆弱的一代"，在成长过程中备受宠爱甚至溺爱。长期以自我为中心，使他们难以客观地认清自己在社会中的地位和作用，在与他人的交往关系上，往往表现得过于敏感或处理不当。专家认为，孩子们处于生长发育的关键时期，如果每天都陷入紧张的人际关系中，极易受到孤独、寂寞、自卑和疑虑等心理问题的困扰。当然，孤独也不仅仅是独生子女独有的心理问题，很多非独生孩子也会感到孤独。

初三学生李谊在日记中写道："为什么周围的人都不理解我呢？想找个说心里话的人都没有，我该向谁说说我的感受呢？感觉好孤单啊。同学们都忙着上课做作业，应付一场接一场的考试，彼此之间住得也很远，平时连个聊天的时间都没有，更别说在一起玩了。我觉得自己的世界随着自己的成长越来越小，越来越单调。多么希望不这么孤独啊，好渴望跟爸爸妈妈或同学们聊聊天，就像小时候那样，快乐无忧。我希望自己的世界能够变得多彩多姿，每天都有许多的新鲜事，而不是充满了这可恶的孤独感。"

现在的独生子女实在是太孤单了，钢筋水泥、高楼深院仿佛给他们构筑了一个个小笼子，而与电视、电脑、游戏机的亲密接触，又使他们与别人日渐疏离。而当孩子时，更会有这样一种体验：觉得自己是大人了，于是总想一夜之间成熟起来；父母的关心变成了唠叨，老师在心中似乎也失去了往日的威信；就连平时挺要好的同学，现在也不是那么亲密无间、无话不谈了，自己一肚子的心事，不知道和谁诉说。

这种孤独感也是青少年自我意识发展的一种表现。孩子一方面自认为已经是长大成人了，竭力想摆脱父母的管教，不愿意再被当作小孩，希望别人尊重、理解他们；另一方面，由于独立工作、生活的能力还较差，又十分眷恋、依赖父母。孩子与人交往、社会化的需求进一步增强了，而需要的性质也有所变化。他们希望被理解、被尊重，心理活动开始指向自己的内心变化，有了秘密，自我交谈的时间有所增加，在与人交往时变得不那么坦率，即使是面对亲近的人也有所保留。他们不仅难以与长辈沟通，在同龄伙伴之间也不容易找到真正"心心相印"的知音，因而常常感到不被人理解，在心理上产生不同程度的孤独感。

作为父母，不能仅仅给孩子提供物质上的东西，也应该关注孩子的心理和精神世界。无论平时工作多忙，都应该抽空陪陪孩子，听听孩子的心里话，哪怕孩子不愿意说，多说一些关心的话对孩子来说也是很大的安慰，他会因此感受到父母对自己的关怀和爱，而不至于陷入到孤独的泥淖之中。如果孩子长时间地陷入孤独，就可能造成性格上的缺陷，甚至患上抑郁症。那样将得不偿失，父母即使赚再多的钱也无法弥补孩子的健康成长。

1.父母需要改正观念。有些父母其实在无意间就为孩子的交际能力设置了很多障碍，比如，告诉孩子不能和成绩不好的同学交朋友、年纪还小不要跟异性交朋友等，这些都是不可取的。还有，不管父母有多爱孩子，也不管家庭条件有多么优越，都切忌事事包办。只有让孩子学会自己的事情自己做，而且有意让孩子碰碰钉子，尝尝苦头，才能磨炼孩子的意志力，走出过分依赖、自我封闭的天地。

2.提高孩子的抗挫折能力。人生的道路不可能是一帆风顺的，总会遇到坎坷，应该让孩子及早明白这样的道理。提高孩子的抗挫折能力，会减少孩子自闭抑郁的概率。

3.注重孩子情商的培养。情商即社会适应的综合能力。一个孩子仅仅学习成绩优秀是不够的，还须懂得接受别人并让别人接受自己，这也是爱的基本含义。在培育孩子良好品德的同时，要教导孩子形成好的性情。

4.引导孩子正确地交朋友。父母往往会有一些交友的习惯，所以也特别希望孩子能按照自己的思路去交朋友，一意孤行，到最后就只能和孩子吵架。可能父母是出于好心，害怕孩子从朋友身上学一些坏习惯，但是在和孩子提出来的时候，一定要持"软"态度。听一听孩子说的，看看有没有一些道理。

比如问问孩子在这个朋友身上学到的东西，是不是有父母看不到的益处。

5.不要直接否定孩子的朋友。处在青春期的孩子，逆反心理特别强，可能父母说的一些建议都是对的，但是如果你想要孩子接受的话，一定要讲究一些技巧和方法，直截了当地阻拦是不行的。当他有了新的朋友，一般会愿意和家长聊天，比如"我今天新认识了一个朋友"，"他哪方面比较强，但是哪方面就比较讨厌"等等。这时候家长就要抓住机会，帮他来分析，帮他去了解这些。父母也可以附和孩子，在你的同事里也有这样的一些人，你是怎么对待那位同事的，或者大家是怎么对待他的。

爱攀比——孩子理性判断思维尚不完善

随着经济的飞速发展，人们的生活水平得到了普遍提高，面对家中的孩子，家长们总是希望为他们创造更好的生活环境，尽其所能地满足他们物质上的要求。可是，当很多人感叹"现在的孩子太幸福了"的同时，家长们也发现了孩子们身上一个不容忽视的问题——爱攀比。

凯凯今年四岁，刚上幼儿园中班。凯凯的爸爸因为工作的关系去外地出差，已经很久没见到凯凯了，这天刚一回来，爸爸就急忙去幼儿园接孩子，凯凯见到爸爸也很兴奋，还要求爸爸今后每天都要来接自己放学，爸爸满口答应。

可是，这样的日子刚持续了几天，凯凯就不肯爸爸再来接他了，而是要求妈妈来。凯凯妈妈很奇怪，就问凯凯："前几天爸爸没回来的时候你不是说很想爸爸吗？怎么这么快就不让爸爸接你了？"凯凯理直气壮地说："谁让爸爸每次都开着那辆破二手车来啊，小朋友们都笑话我了。我还是要你开着那辆新的小轿车来接我！"

这之后，凯凯妈妈发现，凯凯越来越介意自己的玩具是不是新的，鞋子是不是名牌，如果不是，就吵着要，不然就会说幼儿园里的哪个哪个小朋友有，自己没有会被笑话。

现在，有越来越多的孩子像凯凯一样喜欢攀比，攀比的范围从衣服、玩具、零用钱，到家里有几套房，父母开什么车，做什么工作……很多父母为此感到很头疼。其实，这种攀比现象不只是物质生活富裕的产物。随着年龄的增长，孩子的自我意识逐渐加强，他们在逐渐建立起自尊心和自信心的同时，也开始有了争强好胜的心态。但是，此时孩子的自我评价和判断能力还不够成熟，对自我的肯定大都是来自于身边的人的赞扬，所以，他们并不清楚应该争什么不该争什么，而老师、家长、身边的小伙伴的一些无心之语都可能引发孩子的攀比之心。如果任其发展下去，无疑会助长孩子的虚荣心，不利于性格的塑造和正确价值观的形成。

那么，家长应该如何杜绝或是帮孩子戒掉这种攀比心理呢？可以从以下几个方面着手：

1.父母要以身作则，不要给孩子树立坏榜样。很多孩子的攀比习惯都来源于自己的父母：妈妈总是三五不时地说起单位的女同事又换了几款名牌女包，爸爸总是对楼下邻居家换车的速度羡慕不已，这些都会对孩子形成潜移默化的影响，让孩子潜意识里形成"物质高于一切"的印象。因此，父母必须注意自己的言行，杜绝攀比从自己做起。

2.要学会拒绝孩子的不合理要求。不要因为觉得经济上承受得起就答应孩子的所有物质要求。当孩子对你提出要求时，要先分析这样东西对于孩子来说是不是必须的，如果不是，就要对孩子说"不"，并给他讲清道理。如果孩子因此哭闹，不要去哄他，也不要轻易妥协，久而久之，孩子就会意识到只有合理要求才能被满足，并因此学会克制。

3.让孩子学会分享。很多孩子之所以喜欢攀比，讲究名牌是为了博得小伙伴的喜爱和认同。就像上面故事中的凯凯一样，他原本对于爸爸开什么车是没有概念的，是周围小朋友的嘲笑，让他感觉自己受到了排斥，所以才会提出换好车接送自己的要求。要想帮助孩子摆脱这种困境，父母要教会孩子分享的乐趣，比如，可以在家里帮孩子烤制一些小饼干、小点心让孩子带给小朋友一起吃，当孩子从小伙伴那里收获了赞扬，就会意识到并不是学会攀比才是受欢迎的唯一途径。

4.转移孩子的注意力焦点。当孩子告诉你身边的小朋友买了漂亮的新鞋子时，你可以告诉他你的鞋子也很酷啊，而且这是你自己选的，是最适合你的。当孩子说班级里的小丽总是穿她爸爸从国外给她买的新裙子，同学们都觉得好看，都喜欢跟她做朋友时，你可以对她说小丽的朋友是挺多的，可是我看也有很多小朋友喜欢和浩浩一起玩呢，听说他特别喜欢帮助别人是吧？像这样，将孩子的注意力焦点从攀比中一点点转移出来，久而久之，孩子的关注点就不会再集中在物质上了。

不能接受批评——你的批评不能让孩子心服

　　工作了一天的父母回家后看见堆满山的玩具、乱七八糟的房间、满是泥土的衣服，就会控制不了自己的情绪，对孩子横加指责。孩子本来玩得好好的，还希望父母能为他们会把积木搭得这样好而称赞自己一番，结果却遭到了批评，自己自然接受不了，或许他们根本就不明白爸爸妈妈为什么会发脾气。于是孩子们也对爸爸妈妈发起了脾气。

　　而家长看到孩子接受不了批评或者干脆听不进批评就更是恼火了。家长们也常常凑到一起谈论着，现在对于孩子的批评大多是生活上的，孩子都不能接受，这还是轻的批评，等到以后孩子走上工作岗位，又怎会接受领导或其他人的批评呢？家长的这种担心并不无道理，可是如何让孩子接受批评，懂得从批评中读到善意，从批评中找到自我完善的办法，是做父母必修的课程之一。

这天晚上，萌萌洗漱好准备上床的时候，突然表现出很郁闷的样子，这让妈妈很不能理解。妈妈追问了好久，萌萌终于说出了自己的心结。原来是今天在幼儿园吃中饭的时候，萌萌玩鞋子，被老师看到后便挨了批评，还当众被老师脱了鞋子。妈妈听后很不理解，就问萌萌为什么要在吃饭的时候玩鞋子，而不是乖乖地吃饭呢。萌萌说，那是因为鞋子不舒服，里面有个东西，弄了好久都没弄出来。

过了几天，萌萌的妈妈送萌萌上幼儿园，听老师说萌萌最近老喜欢拖着鞋子，不把鞋子穿进去，还经常把脚后跟留在外面。妈妈听后，就回家仔细检查了萌萌的鞋子，鞋子是好好的，应该是没问题的，于是妈妈就猜想一定是萌萌在家懒散惯了，喜欢穿拖鞋，而在幼儿园里不能穿拖鞋，萌萌就把鞋子当成拖鞋穿了。妈妈便一再跟萌萌强调要在幼儿园里守规矩，萌萌便摆出爱搭不理的样子，于是妈妈就狠狠地批评了萌萌。

第二天，萌萌就闹情绪了，一起床就说不去上幼儿园。妈妈又哄又逗，萌萌才说他不想去的原因很简单，就是不想挨批评了。那之后的几天晚上，按常规萌萌都会分享这一天所发生的事情，可萌萌却说没有要分享的。

其实，故事中的萌萌之所以接受不了批评，是因为他根本不明白为什么自己觉得鞋子难受却要挨批评，在他看来这是根本没有道理的。

生活中，很多孩子不能接受批评，大多是因为那些批评不能让孩子心服口服，他们甚至根本不能明白自己为什么会遭受批评。另外，孩子的抗挫折能力也是一个问题，大人们要批评孩子，帮助他们改正不良的习惯，还要考虑到孩子的受挫能力，千万不能怠慢了孩子的情绪，这样不仅会让孩子抵触批评，孩子也不会主动去改正缺点。所以，应该以一种孩子可以接受的方式进行批评，并告诉孩子批评其实是一种严苛的关心，是一种严厉的期盼，批评都是为了他们的成长，寄予了长辈很多的爱护。

法国心理学家高顿教授通过一项专题研究证实，孩子如果从来没挨过批评，在一片赞扬声中长大，就会很容易变成"老虎屁股摸不得"的"小霸王"。他们今后的人生便接受不了任何批评，一点点的批评都会把他们的内心摧毁。所以，孩子没接受过批评，对心理发展便没有什么好处。

那些难以接受批评的孩子，长大后，也大多会对批评持"避而远之"或干脆"拒之门外"的态度，把任何批评都当是耳旁风，结果导致自己一辈子也没有多少长进，注定了人生平淡无所作为。

这样看来，让孩子在幼儿时代就学会接受批评，并根据批评找到自己改善的方向，对孩子健全人格的塑造具有积极的意义。

高顿以专题研究提醒大家，不必对孩子受到批评而大惊小怪，孩子受到批评是一次进步的可能，更是一种对心理张力的锻炼。家长们不仅要尽可能地撤销自己保护伞的作用，让孩子自己接受批评，还要有意识地让孩子既听到正面肯定，也听到反面的批评。因为只有孩子了解自己的不足与优点的时候，才能完整立体地思考自己。正如高顿所说，能接受并适应批评的孩子，长大后往往也较能适应社会，其中也包括拥有正确对待来自他人的批评乃至非议的平和心态，以及较强的承受挫折能力。

孩子在成长的过程中，都免不了受到指责和批评。但在批评的时候，大人们要注意，对孩子说话的语气一定要温和，分析听起来要中肯，不要让孩子感受到压迫，且以更多的表扬为前提，这样孩子就会更容易明白为什么受到批评。而在面对尖锐、不中听的批评时，大人都应该要求孩子认真倾听，因为只有认真倾听，才会发现其中的道理，才能听到批评中的合理成分，才会虚心接受，才方便自己列出改进的办法或措施，不断完善自己，成长为更优秀的人。

1.有意识地让孩子听到批评。对孩子进行表扬之后，更要以温和的语气指出孩子的"美中不足"之处。这样做会帮助孩子意识到批评和表扬是同样常见的，培养他们正确面对批评的心态。

2.批评再严厉，也不能损伤孩子的自尊心。孩子做错事后，自己可能也已经意识到错误而处于悔恨之中了，此时父母应先对孩子做得好的方面给予肯定，然后再指出做得不对的地方，语气要平和，还要注意不能伤害孩子的自尊心。

3.批评孩子时，只谈眼前的错事，不要翻旧账让孩子难堪。老翻旧账容易伤害孩子的自尊心，也会造成孩子对批评的抵触，更重要的是会给孩子留下一个不好的印象，那就是一旦做错事了，就不容易改变自己在别人眼中的印象了。

4.允许孩子做出解释。家长进行批评的时候，孩子如果认为不符合事实，会及时本能地进行辩解，这时家长要耐心倾听。但这并不是让孩子推卸责任，而是让孩子实事求是地面对自己所做的事情。

5.帮助孩子做好每件事，减少指责和批评。如果孩子一天中受到的指责和批评次数超过了50次，那孩子对批评的麻木程度就可想而知了。所以，批评时要做到忽视轻微的不良行为，只关注原则性的问题，孩子才有可能听得进批评。过多的批评只会让孩子更麻木。

6.批评时要指出孩子做得不对、不好的地方，并指出期望孩子做到的。批评不是要对孩子下结论，只是就事论事，这样会让孩子听起来更舒服，不会有强烈的抵触情绪。

7.帮助孩子正确认识批评和接受批评。要帮助孩子通过与各种人相比较，在评价中进行综合分析，从而更加客观地评价自己，发现自己的优点和缺点，鉴别和认识自己的强项和弱项，以便今后更好地发展。

离家出走——孩子在暴力反抗外界压迫

　　小刚的家长一直望子成龙，从小就强迫他学钢琴、背唐诗。最开始，他还有兴趣，可是爸爸的要求太严厉了，弹错一个音符、背错一个字，都要受惩罚，这让他越来越怕，只要是学习，无论学什么，他的心里都怕得要命。而且家里一来客人，爸爸就让他表演弹琴背诗，他觉得自己就像是马戏团里的动物，每天受苦受累，只是为了表演给客人看，让客人取乐，让爸爸有面子。因此从很小的时候，他就打心底里讨厌家里来客人，因为他们只喜欢看自己装出来的听话样，他们和爸爸妈妈一样，从来就不在乎自己的真实想法。

　　后来小刚慢慢长大，上了小学，但他对学校的课程一点兴趣都没有，只是习惯了接受训练，脑子里已经习惯性地认为，人活着就必须要受苦，每一门课都是一个折磨人的魔鬼。

他的父母丝毫也没有注意到他的情绪变化。实际上，他们什么时候都没有在乎过小刚的情绪，只知道每天早上六点半叫他起床，晚上监督他写作业，就像警察看管犯人一样，只要作业或考试时做错了题，家里就一定会有惩罚，或者是免除零花钱，或者是不准他出门跟小朋友玩。

有一次压力太大了，小刚实在受不了，对父母大喊：别再逼我了！从那以后，小刚的成绩越来越差，甚至还有好几次离家出走。爸爸再怎么打他也不在乎，反正已经打麻木了。老师再怎么劝，他也不好好学了，还经常扰乱课堂秩序。最后，只好休学在家。

小刚的经历告诉我们，长期强制性的要求、枯燥单调的学习生活、漫无计划、无目标地努力，以及频繁的不满与批评，所有这些使孩子的好奇感与学习热情一点点被侵蚀。

而兴趣是学习的强大动力，有意识地培养孩子的兴趣，让孩子在自发状态下，自觉地完成学习任务，这种积极的表现，是老师和家长都希望看到的。而且，在这种情况下，孩子会对学习压力有相当强的承受能力，甚至一点都不觉得学习是件"苦差事"，而且学习效果好、记忆力也相对加强。从长远来看，对孩子的身心健康也十分有利。

事实上，几乎所有的人都知道，学习要有兴趣，要注意培养孩子的学习兴趣。老师在讲，家长在讲，许多书本也在讲；但是，真正领会这一点、运用这一点的家长并不是很多。

当你指责孩子、埋怨孩子、督促孩子学习的时候，你只是想要一个结果。这时的你是一位粗暴的家长，因为您根本不知道孩子的兴趣是什么。

然而，现实生活中，有很多父母都干涉孩子的兴趣，会给孩子带来一定的危害。

一是父母对孩子兴趣的过分干涉会使孩子对自己的爱好产生片面的认识，认为自己没有眼光、没有本事，从而否定自己对事物的判断能力，变得没有自信。

二是父母忽视孩子的兴趣爱好，不听孩子的解释，不从孩子爱好出发去了解孩子真正喜欢和感兴趣的，这样做既不能满足孩子的需要，还会使孩子觉得父母不能理解、尊重他，而产生逆反心理。这对孩子的成长是非常不利的。

我们都说兴趣是最好的老师，有了兴趣孩子就会学得更轻松、更快乐。他们也非常愿意去做自己喜欢的事，而且不知疲倦。如果不去考虑孩子的爱好兴趣，而是强加给孩子父母认为应该学的东西，会使孩子失去发挥自己才能的机会，容易使孩子产生厌烦心理。

▲ 当孩子感到快乐的时候，就是他学习能力最强的时候

有些孩子本来对音乐不感兴趣，被家长"逼迫"着每天练琴，结果琴技总是没有提高，于是恨铁不成钢的家长开始斥责甚至打骂孩子，用"你怎么这么笨"等词语责骂刺激孩子，久而久之，孩子便产生逆反心理，有的甚至变得自卑并产生自闭倾向。

遗憾的是，有的父母仍然不能认识到这一点。他们多不愿承认孩子尤其是自己的孩子有独特的兴趣与爱好，而只是催促孩子去学在家长们看来"有用"的东西。可实际上，兴趣爱好可以帮助孩子大量节省学习时间，大幅提高学习效率，让孩子用更少的时间，换来更好的名次和更多成功的机会。

大文豪托尔斯泰也很有音乐素养，在学生时代就创作过圆舞曲，并在后来经常演奏。普希金在诗坛上独领风骚，而他的绘画才能却鲜为人知。他画自画像，为朋友画肖像，也为自己的诗歌画插图。作曲家博罗金创作了著名的歌剧《伊戈尔大公》，但他还是一名化学家，毕业于彼得堡医药外科学院。大仲马是著名作家，但是他收集食谱，是一位烹饪迷。大仲马不仅创作了《三个火枪手》，还著有一本《烹饪大全》，该书在当时得到了烹饪界的高度评价。他不仅具备这方面的理论知识，还能烧得一手好菜。

这些例子一再向我们证明，孩子的兴趣爱好与成功是不冲突的。当然，有的父母也想尊重孩子的兴趣和爱好，却往往不知道该如何去做。那么，作为父母，可以参考以下几种做法。

1. 善于发现，为孩子创造条件。首先，需要父母养成仔细观察孩子的习惯，孩子反反复复做的事情往往就是他们感兴趣的；其次父母应该站在一个平等的立场上与孩子沟通，多听听孩子的想法，多问问孩子喜欢做什么，或许父母从孩子天真的回答里可以发现孩子的兴趣所在。然后，父母要试着引导孩子多在兴趣方面下功夫，尽可能地为孩子创造机会、创造条件，让孩子无忧无虑地在自己喜爱的天地里畅游。这样会激发孩子的最大潜能，从而在某一领域取得突出成就，同时，也会让他们感到人生充满了乐趣和期待，心态也会变得更加积极向上。这对人的一生都是有积极作用的。在孩子选择兴趣爱好时，固然需要父母的引导，但绝不可以代替孩子。

2. 尊重孩子的爱好和兴趣。即使孩子的这种兴趣爱好可能与父母的期望有差距，但只要是正当的，就应该尊重孩子。因为孩子在做自己喜欢的事情时，他的创造力和潜力才有可能得到充分的发挥，他的专注、认真、持之以恒的习惯和意志品质也可以得到锻炼，有利于孩子的成长。

3. 培养孩子兴趣，切记不可盲目跟风。父母往往希望自己的孩子能够掌握多种技能，能够有一个美好的前途。但是很多时候父母并没有考虑孩子的兴趣爱好，而是为孩子安排好一切，有时甚至盲目跟风，看到现在流行什么就让孩子学习什么。孩子就这样在父母的安排下一次又一次地被动接受，孩子的兴趣爱好得不到满足，孩子的特长得不到发挥，导致孩子厌学并把这种情绪发泄到其他学科，这对孩子的成长是非常有害的。当然，父母对孩子的兴趣爱好也不能听之任之，要给予适当的引导和帮助。如果孩子因为沉浸在某个兴趣爱好中，影响了正常的学习、生活，父母还是应该给一定的干预，教会孩子正确对待两者之间的关系，合理安排时间，但要用孩子可以接受的方式，切不可简单地制止。

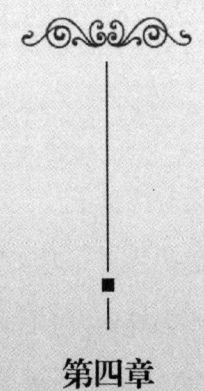

第四章

孩子没时间观念怎么办——好父母给孩子一点自控力

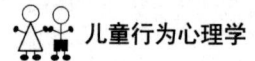

迟到——孩子缺乏做事的兴趣

面对迟到，你会怎么对待孩子？

事实上，有的孩子的想法是：迟到算什么，即使是早到了也只能自己干等着，还不如等到人多的时候再去呢。这样的想法会让孩子从小就没有遵守时间的概念，时间久了，就会形成拖拉、懒散的习惯。这些经常迟到的孩子，不仅是上学迟到，就连朋友约会也会迟到，长大以后更是难以适应集体纪律的约束。

对待孩子迟到的坏毛病，批评轻了，没有作用；批评重了，孩子会留下阴影。父母要以做思想工作为主，辅以一些必要的处理手段，掌握好对孩子批评的尺度，如果适得其反，就不好了。

一个合理的、实用的教育方法，会让孩子明白迟到会造成别人的等待，自己不爱等待时候的孤寂无聊，别人也不会喜欢。同时，家长要明白，教育不等于处理，教育需要智慧，需要有耐心和爱心。

再过几个月，田义就要上小学了，田义心里很开心。可是田妈妈却不怎么开心，因为上小学后，田义每天都得按时起床，上学是不能迟到的。幼儿园的到园时间是7：30到8：30，尽管每天田妈妈都会按时叫田义起床，可是田义总是会迟到那么一点点。

田妈妈觉得自己就是那个跟在田义身后的小皮鞭，每时每刻地盯着他，看着他刷牙、洗脸，还时不时地督促他快些，可是他却总是磨磨蹭蹭的。不仅如此，写作业、练习钢琴等事情，田义也总是这样的。这可真是难坏了田妈妈。

像田义这样总是迟到的孩子，做事很磨蹭，即使家长在身后不停鞭策提醒，孩子也还是会迟到。而孩子总迟到，原因很可能是孩子对上学或者对将要做的事情没有兴趣。

这就跟大人一样，如果我们对工作兴趣大、热情高，即使上班的路再远，也会力争准点到达，反之，就会磨磨蹭蹭不想去。孩子更愿意把时间用在感兴趣的地方，而不是那些他们习

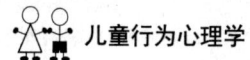

以为常的惯例中。

生活中，如果孩子对学习缺乏热情、缺乏兴趣，或是跟老师、同学闹意见，就容易出现莫名迟到或消极学习的情况。所以，平时我们要注意了解孩子在学校生活中遇到的问题，千万不要因为孩子害怕上学、畏惧上学而影响了孩子的学习，养成拖延和迟到的坏习惯。

同时，家长也绝对不要给迟到的孩子找理由开脱。有些孩子经常迟到，老师批评、同学提醒都不管用，而有些家长，出于对孩子的溺爱，甚至会主动帮孩子找借口，比如堵车了、表慢了，或闹钟没响睡过头了，总之是常问常有理。如果家长总是这样，慢慢地，孩子就会把迟到当成是理所当然的事，更别提改正了。

那么，到底要如何纠正孩子迟到的毛病呢？首先，父母要以身作则。有许多父母喜欢熬夜，睡懒觉，早上起床的时候手忙脚乱，上班经常迟到，孩子看得多了，自然就会效仿。因此，改变孩子迟到的坏习惯，父母首先就要以身作则。不熬夜，早睡早起，按时起床以后带着孩子锻炼身体，这些都有助于培养孩子养成遵守时间的好习惯。

还有，做事情前，大人先把时间表告知小孩，包括要等到何时才能做什么，或者大约要花多少时间做什么事情。让孩子可以做到心里有数。

有时候，大人可以跟孩子说："等我把碗洗好，再……"或者："晚餐弄好就去做什么"，等等，让孩子有准确的时间概念。

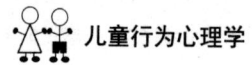

做事磨蹭——孩子缺乏感知时间的思维能力

行为方式决定行为能力，很多孩子总是看上去很赶时间，而真正做起事情来又显得磨磨蹭蹭。这样做不仅做事的效率极为低下，而且还会影响今后的身体和智力发展。因为幼儿期是动作发展的重要时期，动作缓慢的儿童往往容易有不灵活、不协调的行为表现，尤其是在生活自理方面，显得极为磨蹭。

总是做起事来慢条斯理的孩子，生活上磨磨蹭蹭的坏习惯会导致孩子没有效率，甚至会迁延到学习、交往等多方面，引起一系列不好的后果。而这种拖延一旦形成习惯，再补救起来就会显得非常困难。

莫小雨天生是个慢性子，做什么事从不着急。早晨起床，只要妈妈没时间管她，她穿衣服能用一个小时。吃饭时，一家人都吃完了，她还边玩儿边慢腾腾地吃。为了她这慢性子，妈妈可着急了，总跟她讲要抓紧时间、浪费时间等于浪费生命等道理，可是都在莫小雨身上起不了作用。

莫小雨慢慢长大，上了小学，也还是这样。特别是做作业，总是拖到半夜，一会儿就可以完成的作业，小雨非要做一晚上。每次都是困得不行了才做完，而且根本没有时间做其他的事情。

显然，磨蹭拖拉的习惯很难让小雨考出好成绩，即使将来步入社会后，这样的做事方式也缺少竞争力，很容易被淘汰。

法国作家巴尔扎克在少年时就十分珍惜时间，他把几乎所有的时间都用在了写作上。他曾经向外人道出他的创作时间表："从午夜到中午工作。"这也就是说，巴尔扎克每天在圈椅里坐近12个小时，根据灵感进行创作。"从中午到四点校对校样，五点钟用餐，五点半才上床休息，而到午夜又起床工作"。他是个名副其实的"工作狂"。

巴尔扎克的写作速度很快，每三天他的墨水瓶要重新装满一次，并且得用掉十个笔头。正是因为这样高效率地工作，他才能创作出《欧也妮·葛朗台》《高老头》等90多部中长篇小说，成为一位高产作家，并在世界上享有盛誉。

人的生命是有限的，做事磨磨蹭蹭，往往会浪费掉许多宝贵的时间。现代社会对人的技能的要求日益增高，因此只有具有紧迫的时间感，做事效率高的人才会有更多的机会，实现更多的梦想。

▲ 当一个孩子察觉到自己在被时间推着走时，她就已经长大了

当然，有一种情况我们也要注意，那就是动作缓慢一般是相对而言的。有时孩子处理事物的速度显得比一般人慢，其实只是达不到成人期望的速度，或是对成人的要求没有作出相应的反应，但孩子也许已经表现很不错了。其实，只要孩子能够安排好自己的学习生活，做生活上的有心人，努力与时间赛

跑，就是有时间观念的表现，而作为家长，教育孩子提高做事效率，就能帮助孩子克服磨蹭、做事缓慢的坏习惯。

1.帮孩子认识时间的价值。孩子做事磨蹭很大程度上是因为不具有时间观念，不知道时间意味着什么。因此，培养时间意识对磨蹭的孩子来说是至关重要的。大人可以给孩子讲一些成功人士珍惜时间的故事，让孩子认识到时间是世界上最宝贵的财富，让孩子明白珍惜时间就是珍惜生命的道理，当然还可以与孩子一起讨论磨蹭的害处，明确向孩子指出磨蹭是有害终生的坏习惯，一个做事磨磨蹭蹭的人会白白浪费许多时间，这样的人不仅做事效率不高，而且还会被现代社会所淘汰。

2.帮孩子认识时间的概念。由于此年龄段孩子的思维还是以具体形象思维为主，因此，在他们的头脑中，很难正确认识时间，家长可借助自然现象，如日出日落，时间单位，比如昨天、今天、明天、过去、现在等以及钟表的滴答声，让孩子感知时间的存在，并感知时间的一去不复返性。同时，家长还可借助孩子的成长及通过比较不同阶段人的外貌特征，让孩子体会时间的流逝在人身上留下的烙印，得知时间之残酷，人在时间面前的无奈。

3.让磨蹭付出代价。孩子只有在体会到磨蹭会给自己带来损失之后，他才能够自觉地快起来，因此，让孩子为自己的磨蹭付出代价，让孩子自己去品尝磨蹭的自然后果，不失为一个改掉孩子磨蹭毛病的好方法。比方说孩子早晨起床后磨磨蹭蹭的，家长提醒之后，不妨任由孩子而去，其实我们恰恰就是要让孩子亲身体验上学迟到的后果；孩子如果真的迟到了，老师肯定会询问他迟到的原因，孩子挨了批评后，就会认识到磨蹭给自己带来的害处，几次以后孩子自然就会加快速度。

4.面对孩子的慢效率，家长不能责备打骂。当孩子做事磨蹭时，一些家长会表现得比较性急，加大嗓门冲孩子嚷，对孩子责备个不停，甚至打骂孩子。可是，许多时候这些简单、粗暴的方式起不了多少作用，孩子当时被吓住了，做事的速度加快了一点，一旦事件平息之后，孩子磨蹭依旧。其实，对于孩子做事磨蹭，家长采用发脾气的办法是于事无补的，越是在一旁火冒三丈，孩子便越发不知所措，做事的速度反而变得更慢了。而面对家长的责备和打骂，孩子的心理感觉失衡，有时孩子干脆就采取不理不睬的态度，故意拖延时间来表示对家长的反抗。

5.让孩子觉得"快得值"。孩子只有感觉到做事快对他自己是有好处的，动作才能够"快"得起来。许多家长望子成龙心切，总希望自己的孩子学得多一些，玩得少一些，最好是一点都不要玩，在孩子完成学习任务之后，经常给孩子增加额外的任务。老师布置的作业做完了，家长的一大堆作业还在那里等着；所有的作业都做完了，还有画画、拉琴等许多事情需要孩子去完成。孩子心里很不情愿，但是父命难违，于是就想出了磨蹭的招数。孩子自己有一笔账：我做得越快任务越多，反正也不能出去玩，不如索性做得慢一点，起码可以省点力气。这个问题最好的解决方式就是，不要老对孩子层层加码，要把孩子节约出来的时间还给孩子，在孩子较快完成了任务之后，就要给孩子自由安排生活的权利，孩子可以用省下来的时间做一些自己感兴趣的事情。

6.为孩子制定科学、合理的作息时间表。家长应根据孩子的心理和生理特点，为孩子制定科学、合理的作息时间表，并帮助孩子按时间表上的内容有条不紊地完成，使孩子养成规律作息的习惯。在与孩子做游戏时，不妨增加按规定时间完成任务的游戏内容，让孩子在玩中学会合理分配时间，这有利于养成孩子在规定时间内，集中精力完成一件事的好习惯。

半途而废——孩子缺乏专注力

在孩子学习与成长的道路上，父母应该陪同孩子一起选好目标坚持下去。有些父母太过心急，错将宝宝无法长时间专注的现象归于宝宝容易放弃。其实幼儿的专注时间多半是短暂的，2岁时专注在一件事的时间，最长只有5分钟，4岁时约达10分钟，5～6岁以上宝宝可达15～20分钟，超过这个时间，孩子就很容易就产生"我做不到，我坚持不了"的想法。但是，如果一遇上困难或需要长时间坚持的事情，就轻易放弃，时间一长，很可能就会养成做事无法有始有终的不良习惯。

一个18岁的小伙子，职高毕业后开始做送水工。送一桶水可以挣2元钱。他每个月的收入除了负担自己简单的生活，还可以剩下几百元钱。这份工作，他做了五年。五年后，他自己开了一家送水公司，成了个小老板。

当朋友们问他怎么做到的时候，他这样说道："在这个中等城市，有着很多家送水公司，但这些送水工，能干上三年的很少，干上五年的，更是少之又少。毕竟这是苦、累、脏的活儿，几个人愿干那么久？我是有心干五年的，五年来我拼命地记下客户，我把客户当上帝，搞好关系。因此我一开张，他们都愿意来订水，因为他们记得我这个人。"

坚持是各行各业先进人物的取胜方法。有人说，坚持是人的天性。其实，坚持指的是面对困难的持续力，与性格上的固执并不相同，是后天可以培养的。只有从小就培养孩子的持之以恒的习惯，孩子才不会因为遇到小小的挫折就放弃，而会面对挑战不退缩，努力找出解决的办法。

1.对坚持度低的孩子，大人要给予鼓励，而不是数落孩子。比如："你怎么这么没志气，还没做就说不行？""你真是很没用的孩子！""连这点小事都做不好，长大后怎么得了？""再不努力点，就会被别人比下去了！"

2.大人可以把事情拆开来，一个步骤一个步骤地要求孩子做到。孩子每天完成大人要求的一个步骤，而大人不要过度要求过程中的完美，只要孩子能每天依约定完成事情，就给予口头肯定。等全部完成后，再鼓励孩子，已经能够学会坚持了。其实，每天做好一点点，就可以把整件事情全部做完了，而只要坚持一下，任何事情都难不倒孩子的。

3.适当的鼓励和奖赏，是坚持的动力。大人可以给宝宝备忘录贴纸，并在每一张贴纸上写出一件希望孩子完成的事情，贴在孩子的床前。提醒孩子完成一张贴纸的事情就可以拿来换想要吃的点心。每次孩子换奖品时，要不断地鼓励他、称赞他继续完成其他贴纸上的事情。

4.提高孩子注意力的最佳途径是经常读书给孩子听。准备几个与尝试、坚持、努力有关的故事，经常说给孩子听，让孩子建立可以模仿的偶像。向孩子灌输"放弃一切，就绝对没有希望"的观念，并引导孩子勇于面对问题和挑战。每天大人都安排一段固定的读故事时间，尝试使之成为一种习惯。大人必须逐步教导、培养孩子聆听，最开始不妨从一页只有几行字的绘本开始，再逐步使用文字较多、图画较少的童书，逐步发展到有章节的故事书和小说。

生物钟——帮孩子取胜的内在节律

　　孩子总会在无形中和自己的同伴进行比较，有时候会不自觉地学习人家，希望能够快速提高自己。而实际上，每个人的体内都有一种生物钟，并不是按照成功人的时间配比或者是所谓的人体科学时间配比就可以获得事半功倍的效果的。

　　生物钟，是生物体内的一种无形的时钟，实际上是生物体生命运动的内在节律性，它由生物体内的时间结构顺序所决定。有人把人体内的生物节律形象地比喻为"隐性时钟"，每个人从他诞生之日直至生命终结，体内都存在着多种自然节律，控制着我们的正常起居规律及身体健康。但是有时候，它也会"走得不准"，需要调整，只要调整好，孩子就能快速记忆，完成复杂的工作。

　　小美是个要强的孩子，她总是希望能取得最好的成绩，当然也不是每次都能成功。于是小美学会了向别人学习，她会问比自己厉害的人是怎么学习的，是什么时间学习的，自己也会照着做，严格按照别人的时间表执行。

可是，小美发现，即使她跟着别人一起同步学习，也得不到别人的成绩。她很郁闷，不知道该朝什么方向努力，更不知道自己差在什么地方，还会因总是遵循别人的时间表而感觉到吃力。

有上进心是好事，可是小美只顾得学习人家的"时间表"，却不懂得其实自己也有一套专属于自己的"时间表"，只有自己找到最佳的作息时间，才能事半功倍，顺利完成学习任务，取得良好的成绩。

其实，每个人都有属于自己的"黄金时间"。比如有的人早上6点到8点时，头脑清醒，体力充沛，有的人晚上6点到10点做事效率最高。想要取得好成绩，不妨和孩子商量着一起制定适合他自己的"生物钟"的作息时间。在这方面，居里夫人是个很好的榜样：

在女儿不足1岁时，居里夫人就让她们开始所谓的"幼儿智力体操"训练：让她们广泛接触生人，到动物园看动物；让她们与猫玩；让她们到公园去看绿草、蓝天、白云、人群；让她们到水中拍水，使她们感受到大自然界的美景；让她们找到自己的生物钟，找到最适合自己发挥的时间和地点。

孩子大点后，居里夫人又开始了一种带艺术色彩的"智力体操"，教孩子唱儿歌和讲童话。再大些，就开始智力训练和手工制作，如数的训练，字画的识别，弹琴、画画、做泥塑，让她们自己在庭园种植植物、栽花、种菜等，并抽出时间与她们散步，在散步时给她们讲许多关于植物和动物的趣事，如种子是怎样在花里长成的等。

居里夫人的教育都力求从实物开始，而且每天更新，以提高孩子兴趣。她还教孩子骑车、烹调等。这种全方位幼儿早期"智力体操"训练，不仅使孩子增长了智力，同时也培养了孩子良好的性格，更重要的就是让孩子感受各种环境，找到自己的生物钟。

我们不少家长在孩子成长时期，往往忽略了对孩子的时间教育，也没有采取适合孩子自身的教育方式。有的家长总是强调工作太忙，想想居里夫人，她之所以事业成果辉煌，就是一生都在不断探索。但是她并没有因为太忙而忘记教育孩子，并且利用孩子的"生物钟"，在孩子智力发展的最佳时期很好地培养了孩子的能力。

孩子自然没有成人那种"一寸光阴一寸金"的概念，也经常有做事懒散或者拖拉的现象发生。偶尔会因为别人的成绩而学习他人的"时间表"，而这时就需要父母能够观察孩子、了解孩子，想出切实可行的办法帮助孩子找到专属的时间表，为未来发展奠定基础。

1.了解各种各样的"生物钟"。孩子通常会对新奇的事情感兴趣，父母可以先了解相关的知识，将这些信息以生动有趣的形式传递给孩子，帮助他们认识"生物钟"，了解"生物钟"。

2.教孩子合理利用时间，合理用脑，提高学习效率。父母有必要指导孩子充分利用最显效率的时间。如果把最重要的任务安排在一天里最有效率的时间里去做，就能花较少的力气做完较多的工作。而按时用脑，充分利用节律的高潮，能有效避免节律低潮时造成的差错、事故、损失。

3.指导孩子运用生物钟理论调整考试节律状态。如果孩子在学习过程中智力处在高潮期，这时孩子的观察力、记忆力、想象力最佳，思维能力、理解能力强，利于吸收新知识。应抓住学习的黄金时节，多学习知识。

4.孩子的生活节奏不宜过快，要慢下来。生活节奏过快，会造成生理节奏加快，使体内原来合拍的节律变得紊乱，影响激素分泌节律紊乱，进而影响其他生理节律的紊乱，导致疾病及早衰，所以父母有必要对孩子的生活节奏加以控制。孩子感觉最舒服、最顺畅、最有力，就是顺应了他自身的节律。

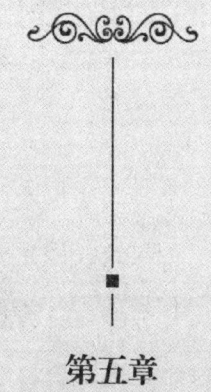

第五章

"我不想学"——解读孩子厌学背后的心理密码

厌学——趋利避害的本能在作祟

有些孩子害怕上学，不肯到学校去，甚至会以头痛或生病为借口，拖延上学时间。如果家长硬是要孩子去，孩子就会哭叫吵闹，纠缠不休，甚至还会出现各种身体状况。

头痛、恶心、昏昏欲睡、没有胃口、心跳过速和头晕等，都是因为厌学症而导致的，会随着不去上学的情况不治而愈。可是这种看起来毫无道理的害怕上学，根源到底是什么呢？很可能与学校有直接的关系。所以，在孩子发生了这种情况时，我们必须要弄清学校里困扰孩子的问题到底是什么，是孩子与同学、老师和周围的人关系不好，还是孩子不能适应学校的要求，缺乏学习动力？家长可以适当地进行反思，思考自己有没有急于求成，教育的方式是否过于严格和缺乏灵活性，孩子是不是因为未能达到父母的期望值而感到害怕等。

这天，形形的妈妈接到学校老师的电话，说形形腹泻得很厉害。彤彤妈妈非常紧张，赶紧去了学校。要知道，之前彤彤就出现过发烧、腹泻症状，当时以为孩子是为了不去上学故意装的，但一量体温是真发烧。不过，之前吃了药后就好点了，可没想到这第二天到学校，彤彤又开始腹泻。彤彤妈妈也是很奇怪，查了好几次也没查出来毛病，难道真是孩子的心理问题？

"我们是没办法了，医生也检查不出什么问题，就建议来看看心理医生。"彤彤的妈妈着急地带着彤彤去了心理医生那里，医生很和蔼地问彤彤难不难受。彤彤说她自己也不知道为什么只要一到学校就狂躁、头晕，而这些症状完全没有预兆，说来就来。彤彤还说其实早在之前自己就被同学带着去了学校心理咨询室，不过彤彤没敢告诉妈妈，不然妈妈一定会说自己是装的。

后来，心理医生先让彤彤摆了个沙盘，然后告诉她，发烧或者闹肚子这种情况很正常，人吃五谷杂粮，偶尔也会与植物相克，并明确指出彤彤这不是生病，而是因为不想去学校，担心学不会或考不好，父母会责怪，才故意用这种方式来逃避的。

形形听了直点头。形形说，她一直希望自己能够达到爸爸妈妈的要求，可是不管怎么努力还总是差那么一小点。医生对形形笑笑，说成绩本来就不是一蹴而就的，是需要长时间积累的，只要继续努力，就终会有一天可以完成爸爸妈妈的要求，而那时形形也会从中发现更优秀的自己。至于形形的身体，那根本就没病，而是自己心理过于要强导致的身体的不协调。形形点头表示了解。

后来，医生暗地里批评了形形妈妈，指出就是因为妈妈对孩子太过苛刻，导致了形形的"发烧、腹泻"，这是一种心理压力的外在表现。

形形本身的自尊心很强，她知道如果她作业完成不好、考试考不好或者在学校被老师批评、讥笑了，她的父母都会责怪她。所以她每天上学都会担心，尽量小心翼翼地让老师满意，不出差错，进而导致自己害怕上学，甚至不想上学。形形的症状是典型的"恐学症"，从医学上讲，就是心理上的问题表现在躯体上，被称为"心理问题躯体化"。

现代社会中，紧张的生活节奏让很多父母忙于工作，很容易忽略孩子的这种心理，不去开导孩子，只会严格要求孩子。人都有意识和潜意识，当潜意识压倒意识时，心里想的就会表现到躯体上，加之孩子的控制力弱，就很容易表现出这种情绪。在趋利避害的本能下，孩子会选择这种"发烧、腹泻"的方式，来逃避处罚。于是，身体就真的"发烧"了。

▲ 万万不能把孩子的精神世界变成单纯地学习知识，这会使他不堪忍受

生活中，像彤彤这样的孩子很多，他们大都很在意父母的意见，自我要求很高、上进心很强，不想让父母担心自己的成

绩。反倒是不求上进的孩子基本不会出现这种病症。

其实厌学并不是由于孩子对学习本身厌倦，而是往往与某些影响孩子心理的具体事件有关，比如，孩子与父母分离、孩子的亲人生病或死亡、家庭暴力等，这些都让孩子害怕去学校这样一个较大的公众场合，他们害怕受到别人的议论。更有的孩子害怕父母的期望落空，任何一次没考好，都让孩子害怕学校和学习。而家长发现孩子的厌学症后，最好先帮助孩子消除厌学的生理因素和心理因素，将孩子所关心的重点转移到学习上，让他们的兴趣点落在"上学"而不是那些与学习知识相差很远的东西上。

1.管孩子不要用"拳头"。经过研究发现，80%以上的适龄儿童，都有各种各样的学习问题，他们往往不专心学习，经常贪玩，学习成绩不好。特别是新学期的前两周至一个月。家长不必因此过于焦虑，不要以拳头对待孩子，而是应沟通开导孩子，帮孩子建立有规律的生活学习习惯。

2.帮助孩子更快地适应学校的生活。"恐学症"是种非常常见的现象，多发生在孩子的幼儿园阶段，其次是小学。作为家长要尽可能地帮助孩子尽快适应学校的生活。尽管初中阶段有"恐学症"的孩子就比较少了，但是家长还是应该在孩子放学回家后，试着去问孩子今天认识了谁，有什么趣事，帮助孩子建立对学校生活的兴趣，从而让孩子逐渐建立自己的生活圈子，在学校有了爱好之后，"恐学"情况将逐渐减少。

3.培养孩子读书的兴趣。先让孩子读一些比较短的故事，培养孩子读书的兴趣。孩子读书过程中，大人要给孩子语言上的鼓励，树立孩子读书的信心，这样孩子的阅读兴趣就会渐渐提高。

4.不要太注重学业成绩。即使孩子考试成绩不好，只要他已尽了力，大人也不应过分苛责孩子。孩子的焦虑没了，念书也就不感到辛苦了，而是会渐渐依照兴趣发展。

5.教给孩子社交技巧。有些孩子不懂得社交，在学校里总是一个人，显得过分沉默焦虑，容易自信心低落，不愿意上学。这时，家长就应该帮助孩子采取主动社交的办法，建立属于自己的生活圈。

讨厌被管——自主成长意识在萌芽

　　孩子虽然小，但却是一个独立的个体，有自己的观点和想法，有时候无法与大人的想法契合，无法理解父母的良苦用心，从而产生抱怨的情绪。家长如果不懂得循循善诱，而是太过于紧张，对孩子进行强制性的管教，还警告孩子不要做什么，孩子就容易产生逆反心理，甚至会对家长权威产生反感，说出"小孩儿为什么就非得听大人的话啊"之类的话。

　　父母对孩子的管教是子女健康成长过程中所必需的，也是孩子成长中的引导棒。但是"棍棒底下出孝子"的年代已经过去了，社会上到处都宣扬着要孩子自由发表言论，无束缚地进行成长。短时间内，孩子可能会屈服于你的棍棒之下，听从你的言行。然而，这无疑会在孩子心中造成阴影，等到积累到一定程度，孩子就会抱怨被管，甚至会不把大人的管教放在眼里。实际上，"管"最好也适度，父母没必要刻意设计孩子的每一步，而应让孩子顺其自然，放弃过去命令孩子"必须做这""必须做那"的模式，为孩子提供宽松的家庭环境，改为询问"应该怎样做才好"，鼓励孩子自己摸索和创造，帮助孩子更好地管自己。

　　杨老师一有了孩子就下决心，绝不能让孩子这么受压抑束缚，被管得死死的，没有一点儿自由。因为自己从小就给父母管得太严，从小就怕家长、怕老师，做事小心翼翼，而且从来不会去争取自己的发言权。自他当了老师之后，就对家长的权威表现得非常反感，最烦的就是家长跟孩子说要听话，不许跟大人顶嘴，小孩子不懂的别多问，不许乱摸乱动，不许惹是生非……

　　自从儿子杨晓出生后，杨老师就一直尽力给孩子营造自由自在、充分解放天性的环境，绝不逼他学他不喜欢的东西，不勉强他顺遂自己的心愿。眼看着杨晓五岁半，快上小学了，杨老师一下子犯了难，也不知道杨晓以后能不能规规矩矩坐在座位上听讲，做大量的作业，适应课业繁重、没多少时间玩的生活。杨晓从小就在自由的环境里成长，想干嘛干嘛，跟一匹

倔强的小野马差不多，要驯服他可不是那么容易的。

因为害怕杨晓不能适应，杨老师就适当给他灌输起有关上学之后的生活，没想到杨晓接受得很快。在学校里，杨晓依旧天真快乐，并没有因为严格的课堂教育而变得不开心，还在学校的教育环境中认识了很多朋友，也扩大了自己的认知范围，想象力更加丰富，而且表现的机会也多了起来。杨晓每天很是开心，他告诉杨老师自己喜欢学校的生活。

一贯放养的杨晓非常适应学校生活，这让研究教育许多年的杨老师出乎意料，他所担心的杨晓会接受不了单调的课堂生活的情况根本没有发生，反倒是杨晓在其中如鱼得水，表现得很是开心。其实，孩子在每个成长阶段都有其成长的主动性，他们有能力并且可以主动适应这个成长环境的转变。大人们没有必要过多地操心，而是可以将这种权力交给孩子，毕竟子女能否成才，还得靠他的天赋与努力。父母只要尽到自己的责任就可以了，而不应担心孩子成长中的各种问题，处处指导帮助，否则在不经意间就会导致孩子自主管理的权力被剥夺。

父母都想给孩子最好的，而又不经意间常常把自己曾经渴望而没有得到的，当成最好、最重要的交给孩子。当我们被那种"饥渴感"蒙蔽时，就会忘记去看、去了解孩子真正需要什么，而是一股脑地将自己所认为最好的交给孩子。如果孩子并不缺少你所提及的，那么你的给予就是一种舒服的管制，会扼杀孩子追求他们想要的东西的想法。所以，大人们要看清孩子真正需要的，"管"只会让孩子更为叛逆，"放"却说不定会给孩子带来最美好的未来。

著名教育家陶行知早在60年前就曾在他的教育著作中多次提到两个故事：一个是造就科学家的父亲——富兰克林的父亲，一个是造就科学家的母亲——爱迪生的母亲。避雷针的发明者、美国科学家富兰克林说，他对科学的兴趣，就是小时候在父亲的工厂玩耍时培养起来的。爱迪生进校后三个月就被开除了，但他的母亲知道他不是坏孩子，允许他在家里随心所欲地做各种小实验，并在教育论著中大声疾呼："解放小孩子的头脑，解放小孩子的双手，解放小孩子的嘴，解放小孩子的空间，解放小孩子的时间。"而这"五大解放"，就是要把学习的基本自由还给孩子，让孩子自己去想，让孩子自己动手去干，让孩子自由提问和辩论，让孩子自己观察，自己作结论，使他们有一定时间、空间，去学习自己渴望学习的知识。

　　而陶行知认为家庭扮演着重要的角色，有着不可推卸的责任。家长必须先解放思想，给孩子自由的成长空间，让他们的心灵和梦想自由地翱翔，而不是一直沉浸于课业中。

　　我们从陶行知的教育观念中应当明白，不能让管制的家庭教育扼杀孩子心目中自主成长的萌芽。应该适当放权给孩子，让孩子在自己的意见中学会成长，并创建一个有利于孩子健康成长的良好家庭环境，积极引导孩子的成长。

　　但是太由着孩子的性子来，给孩子完全的自由，也挺让人担心的。因为过度的自由本质上接近于纵容甚至溺爱，而这些本来就会让孩子太过于自我。所以，要帮助孩子养成自爱、自信和安全感，在教育中最好既有爱也有约束。这样孩子便能够有效地得到家长引导，养成良好习惯，懂得为自己负责任，及早学会与人相处，而这些才是他们未来能力充分发展的基础和源泉。

　　1.家庭教育中要"恩"与"威"并用，打骂管教是"下策"。想玩是孩子的天性，孩子总是控制不住自己玩起来，而忽略了本应该学习的时间。而要想帮助孩子极好地掌握玩耍与学习之间的时间，就要先让孩子懂得学习的重要性，了解学习的乐趣。这样即使你不去督促，孩子也会自觉地安排好时间学习玩耍。其次，家长要让孩子从小有种责任心，知道学习并不是应付父母的事，而是关系到他将来的一生，而且是变成优秀的人的前提条件。

2.营建一个有利于孩子健康成长的家庭教育环境。家长要尽量传递给孩子积极的正能量、向上的人生目标。

3.注意孩子的天生的感悟力。不要认为孩子还小，看不懂脸色，其实人的感悟力和交流能力天生就存在。孩子可以通过你的语言和表情来感知喜悦或忧伤，有些严厉的话说出来，孩子就会有被管制的压力。不说出来，孩子也会明白。

4.采用多元化的表达方式。孩子的年龄越小，我们给予他鼓励或者管教的方式就越要多元化，这样他才能最大程度地接受父母的意见，尽量让动作和语言相结合，效果就会更好。

5.家长要释放和转化内心的不安全感，相信孩子可以学得更好。家长生怕孩子会被不如意的教育糟蹋，所以才会苦口婆心地管教，实际上这是家长自身的不安全感在作怪，导致过分关注外界的所有负面信息，并把那当成全部事实。而这会传递给孩子许多不必要的心理负担。

控制欲强——被误判的领导力

幼小的孩子都是自恋的，他们自以为是世界的中心，都极具领导欲望。而如今多数家庭都是一个孩子，大人们围着孩子转，也习惯了被孩子指挥，孩子享有至高无上的家庭地位。到了幼儿园，孩子自然会将在家的这种指挥能力用在其他孩子身上，无论何时何地都希望大家听自己的安排，喜欢独断专行，"教训"同伴。这样的孩子，不能友善地与人相处，还会欺负那些不听"摆布"的同伴。

尽管孩子在指挥的时候也会造成一些不愉快，但家长们还是乐于看到自己家的孩子指挥别人，认为这是孩子天生的领导才能。但是，这种早早就惯出来的"领导才能"并不是真正的领导能力，而是因为缺乏对别人的理解，尽情地表达自己的愿望，认为自己是世界中心的自大感。这需要孩子在今后的成长过程进行自我探索，接触到更多事物，打破这一种天然的自恋。父母的一味溺爱，放纵孩子的一切欲望、要求，让孩子很难走出自我的意识。

　　女孩慧慧是天生的"指挥家"，平日里特别爱指挥人。在幼儿园的时候她就经常命令其他小朋友和她一起玩，如果哪个同伴不同意，慧慧就打这个小朋友，也经常抢其他孩子的玩具。慧慧的爸爸妈妈从来没有对慧慧的行为感到头疼，更不会管教孩子，并着实以为这是家人的骄傲。特别是慧慧的这种有暴力倾向的指挥，更是让家人觉得自豪，认为只有自家的慧慧才有这种领导能力，可以指挥其他小朋友。

　　就这样，慧慧已经习惯了用强势解决问题：没人和她玩，她就"武力"解决；没有玩具，就从别人那里抢。但上了小学后，学习可是自己的事情，别人怎么努力都不能替慧慧掌握知识，而慧慧从别人那里也抢不来。于是她遇到了麻烦——学习成绩在班里总是倒数，想指挥也指挥不了了。

　　慧慧因为学习成绩糟糕，觉得自己"矮"了一头，也不好意思指挥别人了。她不能接受现在不是世界中心的现状，想出了一系列的办法。为了重新成为

大家的关注中心，慧慧在课堂上骚扰其他同学听讲，
带着大家玩游戏；给同学、老师起绰号，背后嘲笑别
的同学；故意找老师麻烦……然而，慧慧不知道这样
只会让同学和老师越来越讨厌她。

从慧慧的种种行为中，我们可以发现她是那种控制欲特别
强的孩子。她跟别的孩子一起玩时，总是想指挥别人，让别人
为她做什么。但是慧慧一点也不知道这样会造成别人对她的敌
对情绪，尤其是在上学后，慧慧凡事都想占上风，太想成为周
围人的关注点，而她没有成绩好的资本保驾护航，很难融入到
同伴当中，只好去制造麻烦，引起大家的关注。

像慧慧这种孩子，如果究其为什么会出现这种"领导者"
的情况，其实还跟我们家长的养育方式和日常交流有关。孩子
本来就自恋，加上家长的溺爱，在家里尝尽了指挥的好处，那
么在家以外的地方他们也会想得到这种甜头，于是就表现出了
指挥其他孩子的愿望。可是指挥并不是那么容易的，只有那些
表现出色的孩子才会更容易让人信服，而这种出色并不单是学
习上的，还有为人处世上的。所以，家长要多培养孩子体谅他
人的感受，让孩子在交往中懂得谦让与合作，在体会被别人指

挥的同时，学会调适自己的支配地位，找到属于自己的位子。

北卡罗来纳州父母之道研究中心家庭心理学家丁·罗斯蒙德将Respect（尊重）、Resourcefulness（机智）、Responsibility（责任心）认定为父母必须在孩子身上开发的三种基本特性。领导的桂冠总是落在具有这三种基本特征的人头上：他们努力照习惯去理解和容忍，屡次在挫折面前另辟蹊径，勇敢面对自己行动产生的后果。

▲ 儿童能力的初期萌芽最为可贵，善加引导便能固化能力的趋向

美国心理学家斯考特·派克认为，爱不仅是给予，并且是合理的给和合理的不给，是合理的赞美和合理的批评；它是合

理的争执、对立、鼓励、敦促、安慰。所谓合理，是一种判断，不能只凭直觉，必须经过思考和有时不怎么愉快的取舍决定。而要养育健康而心智成熟的子女，需要的是合适、合理的关爱。最懒惰的就是放纵型的溺爱，因为这样做的父母居然放弃了思考，而让没有控制能力的孩子去发号施令。

通过以上两位专家的观点陈述，我们知道孩子的成长需要爱，但这种爱并不是溺爱。父母的过分溺爱只会让孩子继续以自我为中心，习惯了有愿望立即得到满足，没有懂得愿望的满足需要时间，从而养成了自我中心主义，导致孩子严重缺乏同情心。尊重、机智和责任心这三种基本的人格特性，需要靠孩子自己的努力去实现，而不是一味让孩子躺在自我为中心的认知上。

要想培养孩子的领导能力，就要多给孩子创造与年长几岁的孩子一起玩的机会，这样孩子会在与大孩子玩耍中知道自己的位置，了解自己的能耐，懂得了自己要去适应环境而不是等环境来适应自己，经受挫折、坎坷，饱受别人的指挥后，得到宝贵的人生经历，并明白只有强化自己的能力才会得到别人的肯定，成为真正的领导。

1.谦让合作是孩子的必修课。从孩子2岁开始，父母和亲人就代表了整个社会，随着孩子长大，渐渐走到真正的社会中时，自我为中心的心理会遭到各种毫不手软的打击，渐渐摧毁了固化的自恋的心理定式。所以，做父母的必须先知道别人不会溺爱你的孩子，挫折是孩子成长必需的体验，也是必然的体验。然后在孩子认识世界的过程中，让他们学会谦让合作，才会顺利融入社会，寻找到属于自己的社会位置。

2.强化孩子的能力，以才能服人。作为家长，要让孩子明白，让别人听自己的话是很不简单的一件事，要让别人觉得和你在一起有意思、你能帮助他们，他们才会听你的话。所以，孩子要有更多的能力才可以服众。

3.勇于、善于表现自己。"可能性思维"是领导能力的一个标志，那种对一个难题认真研究并向别人演示如何解决它的孩子会经常问："假如我这样做了，会怎么样？"如此，孩子自然会养成积极想办法的心态。此外还要鼓励他们在班上多发言，因为在别人面前毫不羞怯地表现自己是一个领导人最重要的技能。

说谎——孩子正在追寻自我管理

大人们会经常给孩子讲述《狼来了》的故事，并告诉他们如果常说谎话，就会像故事里的小孩一样遇到危险时也不会有人相信他的话，最后死于自己编织的谎话中。听完故事的孩子们深信不疑，并坚持不说谎话。但随着年纪的不断增长，孩子的心里也会有些小秘密不想告诉大人。

其实，有时候大人也要像孩子一样单纯些，不能用敏锐的眼光把孩子的小伎俩揭穿。只要孩子不迷恋成瘾，大人就可以给予孩子犯小错误的机会，并指出那些错误的危害，让他们自己主动去回避。即使孩子的那些错误是三番两次的，大人们也没必要用冷漠的言辞批评。俗话说，一个细微的动作就能感染孩子，当他们意识到自己的小伎俩是错误的，就会自己改正。多关心，多鼓励，给孩子一个自己的空间，才是给他们提供自己管理自己的平台。

　　淘淘是个调皮鬼，每天都有旺盛的精力。大冷天的，小家伙就背着家人在阳台玩水。虽然他也知道妈妈发现了会很不高兴，不过，他很会找借口，一见到妈妈从房间出来，他就赶紧走进来说："妈妈，我衣服没有湿，你不要摸喔。"妈妈从这话中听出小家伙是不打自招，于是眼尾一扫，发现淘淘的袖子和裤脚全是湿漉漉的，知道这孩子玩水了。可是妈妈并没有当面揭穿淘淘的谎言，只是趁淘淘不注意时摸了摸裤子，还好裤子厚，里面没湿，不用换。

　　淘淘自己玩够了，便把红薯拿到房间里偷偷吃，看见妈妈进来，慌忙收起红薯掩饰说："妈妈，我没吃。我现在把红薯放回去，要一块块地放才行的。"接着淘淘把妈妈拉进房间，关上门，然后笑嘻嘻地说："妈妈，我要吃钙片和鱼肝油。"妈妈好奇地想，每天早上家人都会给淘淘吃药啊，于是问他："今早爷爷没有给你吃啊？"淘淘说："没有，你不要问爷爷喔。"妈妈差点笑出声来，可是也没有拆穿他，而是告诉淘淘钙片和鱼肝油应该早上吃，不然会上火流鼻血，淘淘听后便不再叫嚷着要吃了。

　　从以上事例不难看出，淘淘撒谎，一方面是为了不受大人责备，另一方面是为了达到自己想要的某一目的，而这些目的正是妈妈所不允许的。但是，妈妈一看就能明白，淘淘的撒谎技巧太不高明了，但并没有当面点破淘淘，而是通过简单的言语提示让孩子自己知道了怎么做才是对的。

　　说谎，是每个孩子都会经历的，是一个孩子想要追寻自我管理的正常现象，所以家长对此并不需要惊慌，反而应该庆幸自己的孩子也成长到想要自我独立的阶段了。面对这种情况，大人千万不要用"你撒谎"这类语言来指责孩子说谎了，这样只会让孩子觉得羞惭与自卑，因为孩子之所以说谎，就是因为知道自己做错事了。大人也不要追问或者找来第三者来对质，要对孩子的谎言给予更多的宽容。既然是自我发展的本能，我们便要允许孩子在一段时间内撒谎，表面上不表态也不做任何评价，让孩子放松情绪，只要暗示正确的做法即可。

　　著名儿童心理学家皮亚杰说，撒谎是一种成长的自然倾向，它是自发而普遍存在的。这种"撒谎"无关乎我们成年人心目中的道德理念，却是儿童心理发展的必经之路，可以将其当作儿童自我中心思维的基本组成部分。

一方面，孩子的经验和记忆力有限，他们会为了博取成年人的关注而"捏造事实"，刻意错误地诠释某个事件。另外一方面，他们的思维具有以自我为中心的特性，会为了达到自己的目的而不顾及事实真相，以为家长不知道就没什么大不了。比如当孩子打碎了碗，他们很有可能就会告诉妈妈是小狗打碎的，以此来保护自己。而实际上，孩子的谎言，并不是要危害什么，很多时候，他们并不能区分"事实"和"谎言"的现实意义，于是就不知道说真话的重要性，更不明白"撒谎"的严重性。

生活中，小孩子会常常沉浸在自己的小把戏中自得其乐，以为自己做了件天衣无缝的事情，甚至可以骗过"无所不能"的大人。他们或者因为家长承诺孩子达到其希望后给予某种奖励，一心想要奖励而说谎；或者是做了错事，家长一贯以非打即骂、严重体罚来对待孩子，一心想逃避惩罚而说谎；又或者，家长反对孩子一心想要做的事，为了完成自己的心愿，孩子便会偷着干，家长问起来，就只能说谎了。大人对于孩子的这些无伤大雅的小把戏，一定不要拆穿，而且要尽量配合他们，让他们在自己营造的快乐中沉浸得久一些，但也要适度给予他们积极的引导，不能等孩子养成说谎的习惯后再来纠正，

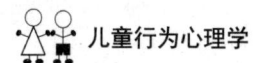

而是要暗示孩子有时候想做的事也是会被允许的。

　　其实生活中，孩子说谎的原因很简单，只要家长对孩子多一点理解、爱心和耐心，告诉孩子说谎不是达到目标的捷径，通过正确途径才能满足自己的心理需要，让孩子知道大人不仅关心他们的行为，更关注他们的内心需求，孩子就会真实地面对你。

　　1.不要当面揭穿孩子的谎言，一再追问事件的根源。我们要先了解孩子为什么撒谎，他是出于什么目的，如果不是什么原则性的问题，就要保护孩子的自尊心，并给予纠正。而孩子面对大人的一再追问，也只好继续用谎言遮掩谎言，既加深了自己的内疚和不安，也使父母更加火冒三丈。

　　2.讲道理要耐心。当孩子想要某样在我们看来没必要添置的东西时，便会想出一些谎言，以欺骗的方式来达到目的。所以，不如讲明白你的道理，让孩子明白。而不是强行把孩子拉回来，或者欺骗孩子下次再买，或者选择承诺给他们更有必要买的东西。

　　3.父母应该树立榜样。孩子也会察言观色，见多了以后，也会模仿成人。大人无心的说谎，可能会成为孩子的"榜样"。

4.表扬孩子的诚实。大人在孩子交代完真实的情况后，应该表扬其诚实，而不是不分青红皂白地惩罚孩子。最后，还应该帮孩子分析问题，找出解决办法。

5.习惯性说谎也要治。在这种孩子提问题之前，你就可以先发制人，告诉孩子你知道他会对你说谎，你什么都知道，于是孩子就会说出真相了。

6.交换说谎的感受，让孩子不去说谎。为了让孩子尝到谎言的滋味，父母也可以对孩子说谎。这样，孩子就知道不应该说谎了。

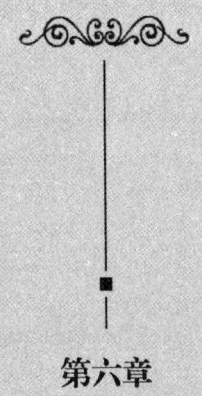

第六章

"我必须最棒"——合理期望才适合孩子身心发展

小皇帝——错误的"焦点"认识

独生子女是如今许多家庭的重心。家中只有一个孩子，造成了孩子在家里成为了三代人的中心，全家关注的视线也就自然地集中在一个点上。孩子是家庭的"小太阳"，掌控着全家人的心情。

成为焦点，成为家庭中心，并不是说孩子是主子、是上帝，家长是仆人、是孙子，什么都得听他的，他要什么我们就得买什么，他往哪里走我们就得往哪里走，不能有任何的反对，无论合理不合理的要求，我都得满足他，而是要让孩子成为家中的骄傲，成为生活圈子中的骄傲。这样，孩子必须有骄傲的资本，有出众的才艺，或者有出众的为人处世能力。

刚入幼儿园小班的建佑，从熟悉的家庭来到了一个陌生的集体环境中，显得很是紧张，尤其是妈妈送他来的时候，他更是紧紧地揪着妈妈的衣角。来了好几天了，建佑还是有特别强烈的依恋感，显得很不适应。吃饭时需要老师喂着吃，睡觉时要老师抱着才能睡，玩完了玩具到处扔，如此等等。

没几天，老师就在班上创设了生活训练区，那里有丰富区域活动的材料，可以利用废旧材料进行装饰、美化，引起了班上好多小朋友积极参与的兴趣，建佑自然也是如此，回家后四处找瓶子罐子。

后来，在老师的帮助下，建佑用雪碧瓶子做了可爱的瓶娃娃，然后老师教他用调羹给瓶娃娃喂饭吃，给娃娃穿衣服、拉拉链、扣纽扣、穿鞋子等。建佑的娃娃还因为最漂亮，被老师指定为"娃娃家"的"老大"。而通过反复练习，特别是在"娃娃家"的游戏活动中，建佑通过给娃娃喂饭，手指的小肌肉得到了锻炼，动手能力得到了提高；而通过在"娃娃家"买卖东西，建佑逐渐养成了把玩具放回原处的好习惯。

在轻松愉快的游戏环境中，建佑渐渐和小朋友们熟识，大家发现建佑懂得特别多，有什么事情都来问建佑，建佑成了幼儿园里的"万事通"。

　　老师一看便知道建佑是家里的"小皇帝"，睡觉、穿衣服、吃饭这些生活的小事自己都做不好，而要想改变建佑意识中的家中的小焦点，就要让他融进幼儿园的新环境。与其"硬来"，不如找一个对大家来说都是崭新的环境，于是"娃娃家"便成立了。建佑在"娃娃家"里很快就凭借优势成为大家的焦点，而他也学会了很多技能和好习惯。

　　大人们帮孩子时要懂得，"焦点"并不是与生俱来的，朋友多、生活圈子多的孩子一般都是很会玩的孩子，因为这种孩子能玩出各种花样，往往能吸引小朋友跟自己学；因此孩子便有了自信心，也为他们结识新朋友提供了机会，并容易成为"孩子王"。不过，别以为宝宝在玩的方面能无师自通，他们其实很需要大人的指点。平时可以搜集一些多数孩子喜欢玩的东西，比如水、沙子、落叶、橡皮泥、积木等，在家里跟孩子练习这些玩法。这样，孩子就有了更多方式跟别的孩子交往。

　　苏联著名教育学家马卡连柯说："父母对自己的子女爱得不够，子女就会感到痛苦，但是过分的溺爱虽然是一种伟大的感情，却会使子女遭到毁灭。"还有一位教育家说过："溺爱是父母与孩子关系中最可悲的事，用这种爱培养出来的孩子不会肯把心灵奉献出一点儿给别人。"

　　父母溺爱孩子，孩子就会有一种在家是生活圈子中心的感觉，而在其他生活圈中也会有一种天然的优越感，使孩子不知道自己应该关心别人，融入别的生活圈子。当然，父母出于对孩子的关爱，安排和规定好孩子的生活、学习的这种做法在孩子很小的时候是可取的，但随着孩子的成长，父母就不能拘泥于这种方法了。因为如果还这样做容易使孩子产生严重的依赖心理，影响孩子的独立自主，更不容易融入其他人的圈子。

▲ 儿童道德教育的基础是爱

其实，家长可以让孩子定期请几个小伙伴到自己家里来，主动拿出自己的图书、玩具，和同伴们一起游戏。

如果做惯了小霸主的孩子们想不到要玩什么，妈妈可以提供一些建议，最好是让他们玩一些合作性的游戏。这样既有益于孩子的想象力和创造力的发展，也有助于孩子之间交往能力的发展。

1.懂礼貌，才会讨人喜欢。孩子在见到认识的小朋友时，应主动打招呼，想加入小朋友的游戏或谈话时要先说"对不起，打断一下……"以示对人家的尊重。和小朋友一起玩的时候，要知道商量，不能什么事情都自己说了算。不是自己的东西不能随便动，玩别人的玩具之前，一定要征得玩具主人的同意，得到允许后才能玩。和小伙伴说话应多用商量、委婉的语气，避免出口伤人。

另外要懂得尊重、体谅伙伴，这才能结交更多的朋友。好朋友之间发生争吵时，如果是自己错了，要主动向小朋友道歉。而这些礼貌都需要大人在家教好，并通过故事等有趣的积极方式让孩子接受。

2.遵守游戏规则。凡是游戏都会有输有赢，还要遵守游戏规则，不能要赖。尽管孩子在家里是"老大"，可以随心所欲，但是在外面则不同，孩子要学会平和地对待输赢。赢了不骄傲，把自己的本领教给小朋友；输了找到原因，知道下次应该怎么做，不可嫉妒别人。孩子一开始可能很难接受，不过大人要积极引导，告诉孩子即使是在家里也需要这样的规则，让孩子遵守。

"永远第一"——违背规律的过高期望

从孩子接受正规教育的那天开始,家长之间谈论最多的就是孩子该学点什么,怎么学习才能进步到什么程度,似乎那才是家长的责任。不可否认,父母们这样做无疑是出于对孩子的爱,父母对孩子寄予期望也是情理之中,是可以理解的。

父母对孩子期望值过高的现象十分普遍。父母也需要听听来自孩子的心声,因为孩子也会为某次考试没有达到预期的目标而难受。孩子的成长不是一蹴而就的,所以,父母要把握对孩子的期望标准,一旦父母的期望背离了社会需要和孩子身心发展的内在规律,让孩子觉得目标可望而不可即时,就会严重影响孩子的性格发展和身心健康。

小小是家里唯一的孩子,全家人的掌上明珠。从小,家人就给他提供了多方面的优越条件,希望他能在各方面都取得成绩,成为出色有用的人。

为此，小小的父母为他在各个方面都设立了严格的标准，在学校里小小要成绩好，课余时间小小还要发展多方面的技能。小小也很争气，他很用心地学习各种技能，无论是在学校还是在地区活动中，他都被认为是难得的优秀孩子，父母为此感到非常欣慰。

于是我们看到的小小经常是白天上学，晚上拉小提琴，周末练体操，无时无刻不在忙碌着。可小小非常敏感，也很少笑，感觉他就是一直在压抑自己。他不像其他同龄孩子那样能够尽兴地说笑和玩闹，也会为了小事难过。比如某一次考试，他没有得到第一名，便会情绪低落。老师想来安慰他，可小小则会一本正经地说："我的目标就是每次得第一名，这样才能成为优秀的人。"

可以看出，小小的生活看起来是非常"残酷"的，他要上很多课程，而且都要努力达到"第一名"，一旦达不到目标，小小就会忧愁埋怨。而这种过高的期望实际上破坏了小小的正常发展，他已经失去了一个儿童所应该享有的无忧无虑的生活。

生活中，父母为孩子设立过高目标的例子还有很多，他们对子女的期望让孩子像"过河卒子"一样拼命向前冲，只要有一点达不到要求的，孩子脸上的笑容就消失了，心里就会焦躁与不安。实际上，每个孩子都有不同的潜质，他们的兴趣、潜能未必都能时时刻刻表现出来，而是厚积薄发的，即使是一时的目标达不到，也并不影响孩子成为成功的人。

山田本一是著名的马拉松冠军。相比其他冠军所强调的比赛中要保持相当的体力和耐力，他有着独特的决胜秘诀。

山田本一在自传中向广大粉丝透露出了实情："每次比赛之前，我都要乘车把比赛的路线仔细地看一遍，并把沿途比较醒目的标志画下来：比如第一标志是银行，第二标志是一棵古怪的大树，第三标志是一座高楼……这样一直画到赛程的结束。比赛开始后，我就奋力地向第一个目标冲去，到达第一个目标后，我又以同样的速度向第二个目标冲去。40多公里的赛程，被我分解成几个小目标，跑起来就轻松多了。过去我把我的目标定在终点线的旗帜上，结果当我跑到十几公里的时候就疲惫不堪了，因为我被前面那段遥远的路吓倒了。"

其实人生的成功目标是需要分解的，一个人制定目标的时候，要有最终目标，比如成为世界冠军；更要有明确的绩效目标，比如在某个时间内成绩提高多少。当目标被清晰地分解了，目标的激励作用就显现出来了，马拉松比赛中是这样，成长也是如此，实现了一个目标后，我们就及时地得到了一次正面激励，这对于培养我们挑战目标的信心的作用是非常巨大的。

所以在孩子的成长中，父母要考虑到孩子的年龄特点、智力水平，不要盲目地为孩子设置过高的目标；否则当孩子虽然经过努力还是不能实现目标时，就会因不能达到父母的要求而自惭形秽，对自己的能力感到怀疑，从而动摇自己的自信心。聪明的父母会将期望转化为一点点的小目标，让孩子体验着进步的快乐，逐渐接近最成功的人生。

1.善于鼓励孩子的进步。通常期望太多，也会造成批评太多，追求尽善尽美的父母总是对孩子挑毛病，以为孩子会随之变得完美。其实不然，这对孩子的进步与发展没有好处。如果父母能够时刻注意到孩子的进步，并及时加以鼓励，孩子就会主动做一些事情。

2.激发孩子的动力。如今的孩子得到了众多家长的关爱，却养成了一种被动依赖的习性。他们习惯于等待外来的指令和安排，很少主动去做一些事情，相比较下来，主动性与创造性水平低下。父母应该将期望化为孩子自身发展的内在动力，让孩子发自内心地努力。

3.积极恰当的期待。父母不宜为孩子制定过高的目标，要根据孩子的自身情况，定一个"跳一跳就能够得到"的目标。这样，容易培养孩子的能力，让孩子产生良好的"期待效应"。

▲ 如同大自然不需要早熟的果子，人类需要的也是怀揣童心、渐渐成长的孩子

"一意孤行"——孩子渴望理解与尊重

在大人的眼里，如今的孩子幸福得不得了，衣食无忧不说，还要什么有什么，最重要的是还有那么多长辈关爱和呵护着，可谓是集众多关爱于一身啊！可是，孩子的感受却与大人截然不同。他们不愿意被家长们过分干涉，甚至会产生逆反心理，特别是大人们对孩子行为上的过多限制和管束更是让孩子很反感，这还导致孩子经常不听话的情况出现。

其实，大人在羡慕如今孩子得到太多的同时，也该看到孩子真实的成长情况。从呱呱落地开始，孩子就在大人的规定和管束下，为达到父母要求的学习成绩而埋头苦读，恨不得什么都会，什么都是出类拔萃的，他们自由的空间确实很少。而孩子的反抗与不听话，只是在传达自己想要表达这种状况的心声——有一个宽松和谐的成长空间以及爸爸妈妈的理解。

榕榕从小生活在万千宠爱的环境里，有着强烈的虚荣心。和一群小孩在一起游戏，如果榕榕不能成为其中的主导和焦点，她便会无缘无故地委屈，生气发脾气，说话尖酸刻薄。

妈妈发现了榕榕的这些坏习惯，于是多次告诉榕榕，小朋友之间应该互相谦让。榕榕不怎么说话，有时候也会反驳妈妈，说那些小孩子都是比她小的，就应该听她的。然后不管妈妈说什么话，榕榕就随便找个理由溜出去，根本不顾妈妈在那里苦口婆心。

但是一回到老家，同龄的姐姐弟弟面前，榕榕又完全变成了忠厚老实的样子，完全没有了在家时的嚣张。起初妈妈不解，就问榕榕，老家的小表姐也挺凶悍的，她怎么就能忍受得了呢。榕榕便跟妈妈说，这是姐姐的地盘呀。

妈妈这才明白，原来榕榕听话，还是要分场合的。于是，妈妈便告诉榕榕，不管在哪儿都要和小朋友好好相处。榕榕听了，不好意思地低下了头。

榕榕并不是不知道小孩之间的友情其实也需要维护，她总以为自己是生活圈子的中心，小朋友们都要听她的，即使妈妈多次劝说她也还是这样。直到后来回了老家，榕榕却一反常态，虽然她的理由确实让妈妈吃惊，但好在榕榕总算明白了其实自己在哪个圈子都不是中心，与朋友相处要懂得忍让。

生活中，孩子不听大人的话，大多是因为孩子没有听懂大人的话，不了解大人的心意。这时，如果大人暴躁恼怒，甚至用带刺的语言刺伤孩子的自尊心，那么孩子的上进心便受到了打击，甚至导致孩子自暴自弃，不愿意再参与社会交往了。所以，在教育孩子的时候，教师和家长都应该积极鼓励和引导，让孩子明白自己的真正用意，这样孩子才会接受你的建议，才会更容易激发孩子的上进心。

《少年儿童研究》杂志的主编在创刊的时候，就是以此确定办刊格言的。他说："教育宝宝的前提是了解宝宝，了解宝宝的前提是尊重宝宝。"并将这两句话作为给关心孩子的家长们的赠言。主编还说，复杂的对象，简单的教育，正是教育困难的重要原因。所谓复杂，是说今日宝宝接受了大量复杂的信息，由于难以消化、难以适应而产生了复杂心态，甚至模糊了与成人的界限；所谓简单，是指当前教育仍在原有的体制内循环，父母由于无法面对"新人类"新世界而显得尴尬，甚至连自己也困惑不已。如果以简单的教育对待复杂的对象，也必然导致教育无效或失败。若想真正尊重宝宝和了解宝宝，并不容易。

▲ 只有爱孩子的人，才能赢得孩子的爱

正如读书一样，世界上的书浩如烟海，其中最难读懂的是"子女"这部无字之书。孩子的不听话，很大程度上是他们不明白家长的意思。做父母的要透过子女的内心世界，读懂他们的每一天、每一年。孩子心里的幸福和快乐是什么，应该由孩子说了算。大人一味地包揽和代替，其实是白费力气。具体说来，大人们要多陪孩子玩一玩，要耐心听孩子讲话，要与老师保持联系，这样才会听得到孩子们的心声，了解到孩子们的感受。

要在尊重孩子的前提下，适当地留些空间给他们，让他们的身心有自由舒展的机会，这样他们便可以与大人们彼此理解，才能更好地沟通。

1.在孩子面前要学会当听众。在孩子成长的各个年龄段，都需要家长换位思考，学会倾听孩子的心声。对幼小的孩子来说，他们往往缺乏表达和体验能力，这个时期孩子最有效的宣泄方式是游戏。稍大的孩子产生了独立意识，而同伴交流是比较有效的方法。

2.应提供更多空间扩大活动渠道。学校和社会应提供包括体育、娱乐在内的更广阔的活动空间。

3.父母要处处文明行事，不在孩子面前争吵，凡事讲道理，讲平等，让孩子耳濡目染文明的气息。习惯了用命令来要求孩子的家长，既要严格要求孩子，又要尊重孩子；即使孩子很不听话，也不能打孩子，要理解和帮助孩子渡过心理难关。

4.情商培养很重要，要让孩子体验到家长的诚意。传统教育不重视培养情商，一些学生长期生活在压抑、焦虑的消极情绪中，很少体验到成功和快乐，最终导致了性格的扭曲。所以家长应耐心表达诚意以及关心，培养孩子良好的性情，让孩子更懂得大人的心，明白大人的意思。

秘密王国——正视孩子发展的独立性

　　相信大家都听过一个故事，故事的主人公是个小学生，他说他的日记有三本，每本内容都不一样，一个版本是写给老师看的，一个版本是写给爸爸妈妈看的，最后一个版本才是写给自己看的。其实，到了一定的年龄阶段，孩子便希望有一定的独立性，希望在自己可掌控的秘密王国里自我消化、处理一些困扰与危机，如果大人发现并强行解决，会打击他们的自信心。

　　生活中，大人总是出现在孩子的周围，尤其是这样的独生子女时代，大人们害怕自己做得不够细致周到，孩子就会出现各种不好的状况，担心孩子的安全。而孩子却为了保留自己的小秘密而大费周折。于是，一幕幕的家庭"对抗赛"上演了，让孩子不得不在"赛后"将自己越藏越深。

　　　洪雅刚刚上了寄宿制的小学，就认识了同宿舍的春晓。春晓有着姣好的容貌，而且春晓的家长一有空就来看她，看起来春晓是个白雪公主似的大小姐。洪雅本来觉得春晓是个和善的同学，特别愿意接近她，但春晓的父母提出请洪雅做春晓的"卧底"，只要她好好做"眼线"，及时反馈"线索"，就会每个月付给洪雅一笔500元的"卧底费"！洪雅自然乐此不疲。为了做卧底，洪雅尽可能地和春晓多待在一起，一起上自习、吃饭，并取得她的信任。这样，就可以在她不设防的情况下，了解她的行踪和照顾她。对洪雅来说这是件很简单的事情。

于是校园里多了一对情同姐妹的好伙伴，而春晓却不知道一直以来自己最好的朋友洪雅是"卧底"，而且是自己父母派来的"眼线"。她什么话都和洪雅讲，而洪雅也会把这些转述给春晓的父母。

后来有一次春晓摔倒了，父母竟然立刻赶了过来，这让春晓得知了真相，很是伤心。

春晓的家长由于工作忙、孩子住校，跟孩子接触的时间越来越少，对孩子在校的情况了解不多，担心春晓的生活起居及学习情况，这本无可厚非，但找人当卧底却是对自己孩子的不尊重。春晓有自己选择朋友的权利，可是被动地接受了父母安排的好朋友，自然伤心了。

有时候家长直接询问孩子，往往会引起孩子的反感和回避，而家长通过与孩子交流更容易的室友侧面了解一些情况，未尝不可，但不必过度监视，将孩子的一切当作洪水猛兽般对待。这样只会让孩子对家长的防备心更强，更不容易让大人走进他们的世界。相比较而言，给孩子一些自由处理事务的空间，教给孩子独立生活学习的方法，才是最隐形的关爱，也会让孩子更舒心。

著名的教育工作者孙云晓说："狼在笼子里双目低垂，视游人而不见，不发威，不倦怠，不虚张声势地吼叫，不肯安于现状地昏睡，更不屑于低三下四地向人们乞讨食物。尽管身陷笼中，它那富有弹性的脚步和充满活力的肌肉总是给人一种向前的节奏和冲动；它在笼子里迅速走动，撞到铁栏扭头再走，让人感觉它时刻都在准备着破笼而出，不返山林誓不罢休。它们虽然很安全，不用努力就能够吃得很好，但是它们很向往以前自由自在的生活。"

而孙云晓却以此来形容现在的父母正在辛辛苦苦地酝酿着

孩子的悲剧命运，争分夺秒地在孩子的成长中制造苦难。实际上，我们的父母在和自己作战，用自己的奋斗来击毁自己的目标。父母限制孩子的自由，实际上是在制造孩子与自己的距离，在某些时候会导致"控制"和"反控制"的斗争愈演愈烈。

在孩子的成长过程中，父母一点不注重孩子的所作所为，完全放任自流又是绝对不现实的。为了使孩子健康成长，父母们不得不看得紧，甚至暗中"监视"孩子的行为。而这种行为一旦被孩子觉察，又会引起孩子的抵触，使他们产生逆反心理，会产生更多的问题，这又使得父母更加担心孩子的举动，"间谍活动"会更频繁。这似乎让父母与孩子的关系走入了一个无法摆脱的怪圈。

其实我们大可不必悲观失望，这并不是什么无法解决的问题，只需多多注意观察孩子的日常表现，从他们的日常举止中发现问题。如果孩子在生活中出现苦恼、烦躁、情绪低落，学习成绩明显下降，和新朋友交往有障碍等问题，就需要父母表现出更多的爱与耐心来，避免采取粗暴的手段。因为父母的目的不是发泄自己的愤怒，而是帮助孩子改正错误，使他们健康成长。所以，直截了当地找孩子来心平气和地谈话，针对孩子的问题及困惑采取有效的措施，同时寻求专家的帮助，才是较为妥当的方法。

1.要会倾听孩子的话。多听少说，耐心听孩子讲话，可以让孩子激动的情绪变得平静，并让孩子建立起对你的信任。倾听的同时还能体会孩子的意思和感受，让孩子感觉到你的关心与爱护。切记不要唠叨和说教。

2.体谅孩子的烦躁。你做好饭了，他不想吃，还发脾气，这就要考虑到孩子此时的心理，是否承受着压力或负面情绪。必须站在他们的位置上去理解和思考问题，而不是单纯责怪孩子不懂父母的关爱之心。

3.接受孩子。尊重孩子并接纳孩子身上的优点和缺点，积极引导孩子完善自己，要相信孩子身上的那些坏毛病通过大人的积极引导一定可以改掉。

4.真诚地对待孩子。以真诚的父母之心、朋友之情和爱对待孩子，假如孩子感觉受到了监视，要耐心地跟孩子讲道理，并表示歉意。而后，孩子回应你的也一定是真诚和爱，如此沟通才能做到亲子零距离。

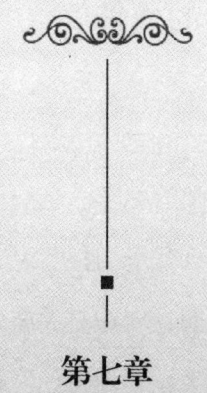

第七章

有缺点的"天使"——21天帮你的孩子养成好习惯

冲动——需要引导的成长现象

当孩子没有达到老师的要求而受到训斥时，孩子会冲动地顶撞；当孩子的要求遭到父母的拒绝时，孩子也会立刻不分场合地哭闹；孩子在与小朋友交往时，亦会因为小事而与伙伴争吵，甚至打架。这是因为孩子做事往往缺乏考虑，通常单凭第一反应做出冲动行为。

冲动就如同一块蒙眼布上的小洞，孩子只看到了小洞里透露的景象，却看不到更广阔的世界。当孩子呼吸越来越急促、声音越来越大的时候，那就是他们冲动的时候。

嘉嘉是个淘气的小男孩，有一些坏毛病，他暴躁性急，谁要是触动了他的神经，他便冲动起来，变得像个小老虎，有什么事情也都写在脸上，只要不是嘉嘉心里想的样子，嘉嘉就会发脾气。

上课时，嘉嘉对老师的话题没了兴趣，他就在椅子上乱动，影响了坐在旁边的小花听讲，小花便说了嘉嘉一句，可嘉嘉立马就变了脸色，竟然一把推倒了小花；当嘉嘉对老师的话题感兴趣的时候，就硬要回答，老师示意嘉嘉等一会儿再发表意见时，嘉嘉便扔掉自己的书本向老师抗议；画画或搭积木时，嘉嘉开始时很认真，也会和小朋友友好合作，但是哪个小朋友稍有不合嘉嘉的意，他就把他的画纸撕破或者把积木推倒；玩玩具时，他也很喜欢和小朋友们争抢，有时候别的小朋友并不谦让他，嘉嘉还会和小朋友打架。嘉嘉的这种暴脾气让老师和爸爸妈妈非常头疼。

大多数像嘉嘉这样易冲动暴躁的小孩，都认为凡事应该朝着自己预设的结果发展，老师就应该会讲出能够吸引他的话题，可他并不知道每个人的兴趣点不同，对不同的话题会有不同的触点，搭积木或者画画都是其个人的表现，可他并不知道合作是需要相互谦让来达成一致的，只知道依靠自己的强硬来压迫别人。

其实像嘉嘉这样的孩子并不难教。嘉嘉的老师后来就有一套好办法。老师很和善地让嘉嘉当了班长，这样可以教他学会自制，养成安静守纪律的习惯。嘉嘉喜欢小汽车，所以发玩具时，老师就会多准备一些小汽车，这样他就不会和别人争夺玩具了。老师给班上的同学讲故事时，也会故意在故事中讲小动物们互相谦让的故事。渐渐地，嘉嘉不仅克制了自己的暴躁脾气，还能够与同伴友好相处，性格越来越好。

德国教育家赫尔巴特曾经说过，孩子就是一张白纸，他们并没有能下决断的真正意志，只有一种不驯服的烈性，这便是他们冲动的来源。很多人认为孩子身上的这种盲目冲动、率真的欲望是孩子的本性，会随着时间的推移渐渐减弱。但是生活中的冲动不但可以扰乱成人的计划，而且还会把未来人格置于许多危险之中。因此，大人们有必要对这些冲动与欲望给予约束。

生活中一些大人为了抑制孩子的冲动，经常会出语严厉甚至用打骂来管理孩子，但是这种管理效果并不是很好。有些性格顽强的孩子，蔑视一切威胁，敢于做任何事情以实现他们的意愿，而另外一些孩子由于本性软弱不能承受威胁，反而会增强欲望的发展。所以，惩罚和威胁可能会暂时抹杀孩子的冲动，但不是治愈孩子冲动的长久之计。

在赫尔巴特的教育观点中，冲动是孩子身心还未得到完全发展的表现，这是正常的成长现象。但是如果不能给予孩子正常的引导，反而会加剧孩子性格朝恶性的方向变化。所以，父母在对待爱冲动的孩子时，应该尽量避免把自己放在和孩子对立的位置上，不要想当然地以为自己的嗓门越高，孩子就越容易顺从；事实上，情况往往恰恰相反，父母声调越高，越容易刺激孩子，让孩子爆发出更多的冲动。

▲ 如果孩子情绪发生波动，愚蠢的父母只会责怪他，聪明的父母则会关心他

父母要记住，冲动在孩子身上就像一颗地雷，尽量别让自己成为踩上地雷的人，而应该以平缓的语气和孩子进行交流；即使是孩子正处于冲动的时刻，也要保持平和心态，同时态

度坚定地引导孩子树立"冲动往往会办错事"的意识。久而久之，孩子也就会变得不那么粗暴乖戾了。面对孩子的冲动爆发，家长要先理解孩子的心理，顺着他们的意愿和想法，然后以讲故事的委婉形式给孩子讲道理，告诉他们怎么做好，怎么做不好，渐渐把"做事不冲动""凡事要想清楚再做"的意识灌输给孩子。

1.转移注意力。孩子被触动神经，家长要阻止孩子做出冲动的行为，可以通过转移孩子注意力的方式平息孩子的冲动，比如带着孩子进行体育运动，带着孩子听音乐，或者带着孩子玩游戏等，这些都是好办法。

2.倾听孩子的说话。孩子说话也是表达他们观念的一种方式，需要大人聆听。但是绝大多数的孩子，没有耐心把自己冲动的前因后果陈述清楚。父母就需要语气平和，不要以家长的高度凌驾于孩子之上，要努力帮助他们找出爆发冲动的原因，并提供一些必要的建议。

3.理解孩子的情绪。孩子神经系统的兴奋过程和抑制过程都处于发展中，表现为孩子的年纪越小，越是容易冲动，所以孩子在行为上容易引起兴奋，遇到喜欢的就愉快，遇到厌恶的就不高兴，不能约束自己，更不能有意识地控制和调节自己的情感，从而发生冲动行为。大人要理解孩子，不要为此批评孩子。

4.简明扼要地吩咐孩子。大人们同时问孩子好几个问题，会特别容易让宝贝感到困惑；所以有时候，大人要帮孩子做决定，而不是过多采用询问式的语气，这样会给孩子造成一切都可以自由选择的错觉。

不专注——孩子可能出现了认知混乱

大部分的孩子由于其年龄和心智发展的局限，兴趣和爱好常常变来变去。对那些看起来新鲜的事物，一开始就充满兴趣，但没多久就喜新厌旧了。在学习上，也是如此，经常呈现出一种"三分钟热度"的状态。他们一旦被什么吸引住了，就会非常有兴趣地想要了解新事物，可是在学习过一段时间之后，他们一旦遇到困难，就会出现情绪不稳定、焦躁、退缩、放弃等现象。其实，孩子大多都会有三分钟热度的现象，做事没耐心。为了避免孩子这样，家长可以充分利用孩子对新鲜事物有热度这一特性，变着花样教育孩子，比如以讲故事的方式帮孩子稳定情绪，建立自信心，克服眼前的障碍，最终让孩子养成专注的好习惯。

小鹏从小就是一个活泼好动的孩子，对一切新鲜的事物都很感兴趣，而且喜欢凡事问个"为什么"，思维也比同龄人要活跃得多，事事关心，事事喜欢，但是事事都坚持不长时间。开始时，小鹏的父母也以为小孩子都是这样喜新厌旧的，并不放在心上。有一次，小鹏看见妈妈买回的积木，便满腔热情地将积木拿过来，铺在茶几上搭了起来。刚开始两天，小鹏的热情还挺高，但是很快就对搭积木失去了兴趣。妈妈又陆续地给小鹏买回很多玩具，每次新玩具买回来，小鹏都满腔热情，但是三分钟热度很快就会过去，小鹏依旧会把曾经爱不释手的玩具丢到一边。玩玩具如此，做其他的事情小鹏也是如此，没有常性。

前不久小鹏哭着闹着非要让父母给他买架钢琴，他说他非常喜欢钢琴的声音。父母禁不住小鹏的闹腾，于是就咬咬牙把琴买了回来，也给小鹏报了钢琴班，让他进行系统的学习。不过，小鹏也只弹了几天，认真去听了几节钢琴课后，就扔在一边，不愿意去练琴了，甚至连上钢琴课也成了负担。父母看着小鹏这样立刻就头痛了，花几万买回来的钢琴，孩子练了两天就没兴趣了，这么大的钢琴放在家里成了摆设。

父母很是无奈，小鹏这样又不是一次两次了，学习也是这样的，开始的时候小鹏总是一副热情的样子，可是没多久就东张西望，周围稍微有点风吹草动，就能引起他的兴趣。他对任何事情都是三分钟热度，很难独立完成一件事情，渐渐地，小鹏的行为让父母和老师头疼不已。

像小鹏这样的案例并不是个别的，而是很常见的。可现实生活中，很多家长由于工作忙没有时间关注孩子的身心健康，加之孩子的天性就是喜新厌旧，现代家庭祖辈三代都宠着这一个孩子，于是，很多人忽略了孩子三分钟热度的真正原因，往往任其发展，致使在幼儿时期不能及时发现孩子专注力异常的问题，导致孩子以后做事粗心，没有耐心。

根据临床分析，这种三分钟热度而导致的孩子专注力不足的原因既有先天的，也有后天的。先天方面，主要指孩子的情商发育不够，自己还不能进行自制管理。而后天的影响，主要是因为孩子的生活环境、学习环境中存在过多干扰，让孩子很难专注于一件事，特别是那些家庭成分比较复杂的家庭。祖父母和父母，代养人和亲生父母，父母之间的教育观点不一致，更会导致儿童认知混乱，专注力不足。

▲ 爱上读书，是你能赠送给孩子的最珍贵的礼物

儿童教育专家M.S.斯特娜认为，孩子只有先形成一种专心的习惯，才有可能在日后对自己的事业全身心投入，不会被其他事情所干扰。

达·芬奇从小便对画画有很大的热情，14岁那年，达·芬奇被送到佛罗伦萨，拜著名的艺术家弗罗·基俄为师。可是事情出人意料，弗罗基俄给达·芬奇上的第一堂课就是画鸡蛋。达·芬奇心想鸡蛋这么简单，这多容易啊，于是画得很有兴致，很快就画好了。老师并没有对达·芬奇进行任何指导，而达·芬奇也没有想到弗罗基俄以后给他的第二课、第三课……都是让他画鸡蛋。随着课数的增多，达·芬奇渐渐失去了原有的兴致，他终于画不下去了。达·芬奇想不通，干脆就去问老师，为什么他的鸡蛋已经画得很好了却还是要画简单的鸡蛋，其实他可以画别的啊，而且在他来之前他就会画很多呢。老师心平气和地说，鸡蛋虽然普通，但天下却没有绝对一样的两个鸡蛋，即使是同一个鸡蛋，从不同角度观察，也会不一样。因此，画鸡蛋只是基本功的训练。只有练到画笔能圆熟地听从大脑的指挥，画得得心应手，又快又好，这才算功夫到家，才有资格去画更多难的东西。达·芬奇听了老师的话，很受启发，从此他不再埋怨每天画鸡蛋，而是坚持每天画上百幅鸡蛋图。最后，他的艺术水平超过了老师，成为了伟大的艺术家。

当专心画鸡蛋成为一种习惯，那么达·芬奇就不会觉得画鸡蛋是件枯燥的事情，也就可以耐住性子继续练习画鸡蛋，从而练得了良好的绘画技能，成就了自己的绘画事业。其实，"无志之人常立志"，当一种志向变成习惯，而又能坚持对其的兴致与热情，那么他就会像达·芬奇那样有 一番成就。而最难的就是将志向变成一种习惯。

生活中，很多孩子经常给自己做计划，却总是因为碰见新的事物，又会再制订新的计划，而放弃原先的计划。这样周而复始，总没什么成绩。家长便纳闷儿了，问孩子的计划落实得怎样啦，孩子就喋喋不休地讲着他的新计划，之前的计划早已忘记。

面对孩子这种三分钟热度现象，作为家长，要及时采取措施，让孩子在学习的过程中不断尝到甜头。如果刚开始学习的孩子遇到挫折，那么他的积极性自然就会受到挫伤，即使是有兴趣的也会被消磨殆尽。但是，假如家长或老师时刻给予指导和肯定，情况就大不一样了，就像是达·芬奇的老师告诉他即使他画的鸡蛋已经很好了，但是从不同的角度看鸡蛋，也会不一样，于是，在鼓励与赞赏的同时，达·芬奇知道了自己的不足与优点，才有坚持下去的动力。因此，父母最初让孩子学习东西时，不要要求过高，等孩子有所提高后再指出他的不足，让他积极改正。这样，孩子每走一步，就能受到积极的赞赏和启发性的暗示与建议，使他们获得茅塞顿开般的快感。慢慢地，孩子不仅能保持热情，也能平和地对待失败了，也就有了继续坚持下去的动力，自然不会三分钟热度了。

1.循序渐进地制订适合孩子的目标。在孩子学习过程中，只有让他获得成绩，他才会有再次探索与继续努力的动力。这样，孩子会渐渐形成一种持之以恒的学习习惯和进取心。

2.给孩子一个专注的环境。因为孩子很容易对新鲜事物产生兴趣，从而专注力很快转移到另外的事物上。所以，在孩子专注于看书的时候，只能给他一本书，等他看完一本再换一本，这样孩子才不会出现每本都想看、每本都翻两三页的状况；在孩子玩玩具的时候，一次给孩子一两个玩具，让他专注于从一个玩具中体会乐趣，而不是一下子给他一大堆玩具，让他觉得有很多选择。孩子一旦面对很多选择的时候，就会想一会儿干干这个，一会儿干干那个，或者干着这个，想着那个，很容易形成注意力分散、坚持不下来的习惯。

3.孩子没有兴趣的时候，切忌继续让孩子学习。一般孩子越小，注意力越不容易集中，做事情就越没有长久性。面对孩子的三分钟热度，家长不要急躁，要采取循序渐进的方法，有耐心地对待孩子，一点点延长孩子学习的时间，孩子不喜欢的时候不要勉强他，否则他会更快放弃。在学习的过程中，只要孩子有一点点进步，就应该及时给予鼓励，帮他增长信心。

独占欲——孩子在乞求更多关注

随着孩子年龄的增长，他会不断地认识自己，认识别人，认识这个世界。而这个认识过程是随着孩子的成长而逐步完善的。孩子到了2岁左右，就已经很了解自己了，并且孩子对于自我的认识要早于对他人的认识。所以他们会觉得自己很厉害，自己才是他们视野世界里的中心。在这个以自我为中心的阶段，孩子会把别的孩子视如玩偶，他们视野外的孩子并不是独立存在于世界上的，而是依附于自己存在的。

通常这时的孩子会对自己的玩具表现出强烈的占有欲，自然也会对自己的玩伴有强烈的占有欲望。平日里， 旦孩了发现跟自己经常一起玩耍的同伴有了新的伙伴，而忽视了自己的存在，这种占有欲就被引爆点燃了。我们会发现孩子故意破坏同伴与其他小朋友的关系，有时也会因此与同伴发生口角争执，严重的还会与人打架。

　　洛晞是班上年龄比较小的孩子，个头小小的，小朋友们总是叫她"小洛晞"。可是小洛晞漂亮可爱，总是很有礼貌，于是开学后没多久，就和大家熟络了。渐渐地，小洛晞在大家面前也变得活泼起来，并且还有自己特别要好的朋友马可可，两人成天形影不离的。小洛晞也很喜欢跟老师问问题，老师们也愿意给她满意的答案。大家都很喜欢小洛晞。

　　可是这天，乖巧和善的小洛晞却让班上所有的人大跌眼镜，小洛晞打翻了她平日最要好的伙伴马可可的颜料盒，弄得马可可像个彩泥人。班上的同学都震惊了，之后叽叽喳喳地讨论小洛晞这是怎么了。而当老师走过去问小洛晞的时候，小洛晞竟躲在远处看着大家，两眼闪烁着渴望。老师问她为什么要把颜料泼到马可可身上，小洛晞很委屈地说，因为马可可把小洛晞送给她的生日礼物——颜料——给了别的小朋友用。

　　说着小洛晞竟然哭起来，老师只得坐到小洛晞的身边，把她抱到腿上，头抵着她的额头，轻声地问："小洛晞不是很喜欢帮助别人吗？"洛晞轻声回答说："是很喜欢。可是老师，这次不一样啊。"洛晞接着说："马可可是我最好的朋友，她怎么不给我用，而是给别人用呢？其实我的颜色也没有她的颜色多呢。马可可不给我用，我就不让她用。"说完这句话，小洛晞的神情变得凶起来了。

老师也只能尽力安慰，而从那以后小洛晞便不和马可可一起玩了，经常自己一个人玩。

洛晞因为看到好朋友马可可向别人示好，于是觉得马可可"背叛"了自己，她便大打出手，一改往日乖巧的脾气，把颜料泼在了马可可的身上。生活中这样的事情并不少见，很多孩子莫名其妙地就对自己形影不离的同伴"下手"，让大人们不知所措，究其原因就是孩子看到一向与自己要好的同伴跟别的小孩要好了，于是故意破坏。

其实，这些看似"见不得别人相互之间友好"的事，是孩子的正常行为表现。众所周知，孩子是以自我为中心的眼光来看待周围的世界的，身边的朋友和玩具等都是附属于他们，并为他们指挥的。当他们发现自己不再是这个世界的中心，原来围着他转的人都已经消失的时候，过激的反抗行为就会显现出来，他们往往会逮住他人的缺点不放，或者干脆无理取闹地耍脾气，让人情不自禁地想要远离。这时，最先遭受到行为迫害的便是他最为亲近的人。

加上现在的孩子大都是独生子女，受惯了溺爱，在孩子的眼里，不管发生什么事情，如果原本围绕在身边的人或事发生了变化，他们都会难以接受，进而产生反抗。而作为孩子的父母此时应该像洛晞的老师一样仔细问明白原因，再渐渐地引导孩子。每个人都会有自己的感受，也要学会照顾到别人的感受，做到心中有他人，而不是以自己为中心地发脾气、搞破坏。

美国的心理学家詹姆士说过："人格主要是与人交往的过程中逐步形成的，孩子与人交往对他的心理发展具有重大意义。"他把这种与他人保持来往、建立联系、寻找友谊的需要称为亲和需要。而孩子作为一个弱小的个体，更是对其需要最为迫切的人群。

当孩子出生，作为父母，尽责地喂他们吃东西，帮他们洗澡，并在他们哭的时候给予安慰。这些早期的互动能够让孩子很清楚地知道，"我什么也不用做，就会有人在我的身边守护着我"。可当孩子长大，身边的人便不会再如同妈妈那样继续照顾他，所以孩子要学着接受转变，接受自己不再是世界的中心这一事实。而这种转变的最关键因素在于学习"如何与他人分享和沟通"，不能再将自己置于世界的中心了，而是要开阔胸怀，将自己置于与别人平等的位置上，并学会用自己的真心来换取别人的真心。只有彼此真心相待，才会有融洽和谐的人际关系。

▲ 教育孩子如同养花，精心培育方能使之盛开

以自我为中心，见不得别人相互友好，这样的"好胜心"，是孩子希望得到更多关注、更多爱护的表现。大人应该给予理解，但是也要积极引导孩子，促使孩子更好地与人相

处，而不是为了嫉妒别人之间的友好，而有迫害别人的想法。众所周知，嫉妒是一种不健康的心理状态，它带来的后果往往是竞争、攻击和对立，因为他人之间的友好而产生嫉妒心理，对孩子之间发展正常的交往具有不良的影响，甚至还会妨碍孩子正常的人际交流。

实际上，伙伴们之间的团结友爱才是最好的人际交流，更是孩子进步与发展的契机。孩子拥有要好的朋友，会争相学会更多的东西，是件值得快乐的事。家长应该给予鼓励与支持，教会孩子真诚地与朋友交往，并教孩子与朋友相处的技巧，让孩子身边不仅仅是有一两个好朋友，而是有一群相互认识要好的伙伴。这样孩子就不会因为其中一个好友的暂时"冷落"而感到失落，更不会因为别人之间的友好而影响到自己与朋友间的关系。

同伴之间的小打小闹，或者这种"见不得人家友好"的"吃醋"现象出现时，大人可以先不必采取特别的矫正措施，也不必批评孩子。因为随着孩子年龄的增长，这种"友情的嫉妒心"就会日渐消失，孩子会自觉接受自己不再是世界的中心的事实。但是孩子如果一直有这个嫉妒心，就必须引起父母的重视。因为这种毛病长大后继续存在的话，会带来各种心理障碍。父母应该积极采取措施，帮助孩子建立好正常的人际关系，使其与朋友可以真诚相待。

1.当父母发现孩子有这种"见不得别人友好"的抱怨及抵触情绪时，要委婉地向孩子讲明嫉妒的危害性，最好是通过故事来让孩子明白：嫉妒破坏别人的友情，虽然会得到短暂的快感，但会影响自己与同伴间的关系，而且会让身边的朋友离开自己。

2.当孩子陷入人际关系的困境时，特别是与一直要好的伙伴分开，家长应积极倾听孩子的感受，充当孩子的"知心姐姐"，让孩了把自己的烦恼说出来，并埋解他、谅解他，让孩子觉得很多时候其实父母也是自己的伙伴。让孩子感觉有父母的呵护与关爱，是缓解孩子"见不得别人友好"心理的良方。要知道家长一个微笑的眼神、一句轻松的话就能化解孩子的不良情绪，有效控制嫉妒心理，让孩子心理可以接受自己暂时的孤单。

3.在生活中家长应注意培养孩子合群的性格和集体主义观念。让孩子多多参与集体活动，感受集体大家庭的温暖，喜欢集体的大氛围，从而减弱孩子内心小团体的意识。这样的活动有助于减少孩子"见不得别人友好"的嫉妒心理出现，即使是别人友好，孩子也会从集体大家庭中汲取温暖。

4.父母还应注意千万不要溺爱孩子。因为溺爱是滋生"自我为中心"的温床，容易给孩子留下自己是"中心"的思想。在日常生活中，父母应将孩子视为朋友，而不是表现出过分的关心；试着让孩子单独承担些什么，也要让孩子学会关心身边的人。孩子偶尔犯错误，要表现出宽容大度。这些都在潜移默化中让孩子学到如何正确对待别人，而不是把别人当作自己的附属品。

小霸王——孩子在维护"自我中心"

在现实生活中，孩子往往会遇到什么都反抗，有一点儿不顺心就欺负其他小朋友，喜欢抢其他小朋友的玩具，希望别人都顺着他的脾气，时时都只求自己开心的霸王行为，这也让大人头疼。成天跟着"小霸王"给别人赔礼道歉不说，动不动"小霸王"还会在家里闹个人仰马翻的，对家长来说也是件"麻烦"事。

其实，孩子认为自己是"老大"，别人都不能违反他的意志，究其根源，还是与孩子上学前期的道德认识有关。自律刚刚开始的孩子们，经常是行动在前、思维在后，即使对丁这种抢东西、欺负同学的行为的对错有一定的感性认识，但还是不能控制自己，见到好东西就渴望拥有。加之，孩子在家中备受溺爱，更是没了怕头，助长了孩子的霸王行为。

而这种骄傲自大的"小霸王"行为虽然可以免去孩子在外受欺负的可能，可以考量孩子今后的个人学习及生活发展，但孩子习惯了这种自大，一旦外界来"欺压"孩子，孩子就会靠暴力来还原自大的状态，这样孩子的内心就不容易学习新东西了，并且还会因为一时的得不到而怨天尤人。久而久之，形成与外界的隔膜，孩子变得心胸狭隘，同时还会表现得很不礼貌，对其今后的人际关系发展造成障碍。

苗苗是家里的小独苗，从小家里的人都视之为掌上明珠，备受宠爱，要什么就立马能得到什么。尤其是爷爷奶奶，对苗苗更是百依百顺。苗苗到了上幼儿园的年纪，爷爷奶奶还怕他受人欺负，所以特别叮嘱老师要好好照顾小苗苗。

就在这样的环境下，小苗苗认为自己是老大，他经常跟小朋友说在家连爷爷奶奶都得听他的，爸爸妈妈也没办法，在幼儿园里老师还要特别关爱他，世界上的人谁都得依着他的心愿。于是苗苗自封为班上的"大王"，经常跟班上的同学说话没礼貌，跟小朋友在户外活动的时候，苗苗更是经常惹祸，一点也不让老师省心。苗苗对自己喜欢的玩具，或是想玩的游戏，表达方式很简单，不用说的，直接上手，抢、掐、踢、推……并且出手特别快，一两下就让小同伴负伤退场。弄得幼儿园老师常常打电话给苗苗父母。苗苗的父母要在受伤的小朋友的父母面前使劲道歉，有时候还要赔付医药费，搞得工作很忙的苗苗父母焦头烂额的，回家就批评小苗苗不应该这样，而爷爷奶奶却舍不得小苗苗挨骂，不仅护着他，还在他面前数落父母："不该对孩子要求那么高，等长大后他自然就懂事了。再说了，小苗苗跟人家打架，能不受伤就不错了呢。"而小苗苗有了爷爷奶奶当靠山，更是嚣张得很，根本不在乎别人的感受，而是继续把自己当霸王。

因为小苗苗的家人都对他十分溺爱，处处都顺着他，久而久之，就养成了他的霸道行为。可是苗苗不知道，他只是家里的"老大"，在幼儿园里没有人会承认这个"老大"，所以，他才会以霸王的行为来证明他的"老大"地位——只要是他喜欢的，他就一定会抢，不惜使用暴力，导致幼儿园的不少小朋友受伤。

实际上，现在备受溺爱的孩子，大多都会有霸王的行为。

而对于孩子这种称霸的心理，只要家长不溺爱，做到对孩子的不良行为时刻给予提醒，就可以杜绝他的"霸王"行为。当然，家长也可以利用孩子称霸这一心理特性，引导孩子，让他不再因为自己喜欢的东西而大打出手，而是在其他方面，比如学习或者体育等方面展现孩子的"霸气"，积极培养孩子的特长，让这种霸王气势转化为其前进的动力，取得更为骄人的成绩。

英国教育家斯宾塞曾经说过："没有一个孩子是不顽皮的，但不能将此作为孩子的缺点，顽皮之中往往蕴含着创造，是孩子智慧发展的原动力。如果每一位家长都能正确地对待孩子的顽皮行为，进行科学指导，那么，在孩子成长的道路上，顽皮之中激活的智慧，可能是孩子挖掘的第一桶成长之宝。"斯宾塞认为孩子的霸王行为可以通过用"老大"的优势为集体做有益的事情，利用其自身的优势帮助他人，在学习方面开展共同学习的小集体，在集体中应该相互尊重，养成与别人合作的优点，培养他的团队精神。不能因为自己的体格健壮或者自认为的优势而对别人不尊重，甚至欺负别人。

斯宾塞认为孩子的可塑性其实是很强的，孩子的霸王行为一方面证明孩子的确有强势之处，另一方面也表露了孩子渴望在成长中维持其"自我中心"的地位。对待孩子的霸王行为，只要家长加以正确的引导，让孩子利用这种霸王心态促进其学习更多的技能，争取以真正的强势与过人之处取得在别人心目中霸王的地位，而不是火气冲天地责骂孩子，强硬地收敛孩子的霸王行为，让孩子不再惹祸。这些观点都给那些因为孩子成为幼儿园里的"小霸王"而烦恼的家长提供了有益的启示。

▲ 如果一只猴子幼年时失去了玩耍和得到爱的机会，它就永远做不了猴王

虽然孩子的霸王心态会随着成长而有所偏移，这种霸王行为会随着年龄的增长而自然消减，但家长还是不要以为小霸王只是在伤害别人，不管也无妨。要知道，在孩子出现这种行为的时候，如果不及时调整的话，那么孩子将会在情感成长、人

际关系、受教育程度等方面都受到负面影响。长此下去，他们会缺乏同情和怜悯之心，总以自我为中心，而这种冷酷的心态必将影响他们的一生。所以，在孩子刚开始显露霸王的端倪时，父母就要及时给他们提供帮助，并积极地利用这种霸王心态取得自身成长的成就。

1.为孩子树立处理问题和控制情绪的榜样。父母的行为会影响孩子的一生，父母在孩子面前应始终保持公平、友好、温和、平静的态度，平等地对待各种事情。尤其是在孩子犯错的时候也不要打骂他。在别的孩子来家玩时，要尽可能地平均处理机会和玩具，让孩子享受到公平，而不是专属的溺爱与满足。虽然有时候，孩子的某些过激或暴力行为会激怒父母，但父母们要注意，再气愤也要克制自己的情绪，深呼吸，让自己平静，然后冷静地解决问题，以身作则，不要用暴力给孩子留下了心理的阴影，让孩子觉得凡事可以以暴力解决。

2.让孩子多交一些朋友，并引导孩子互相分享玩具、食物等，与其他小朋友一起友好共处，感受分享的快乐。同时，鼓励孩子去帮助别人，去做好事，以培养孩子的"善心"，也让孩子得到帮助别人的快乐。孩子之间闹矛盾也是常有的事情，如果听到孩子被别人欺负，要冷静地听孩子讲述，而不要怒气之下教孩子暴力对付别人，更不要因为孩子的暴力行为，就将他关在家里怕他出去惹是生非；因为越是孤独和隔阂，越容易让孩子向霸王倾向靠拢。

3.孩子有了霸王行为，可以通过"角色游戏"引导孩子渐渐改掉坏的行为。比如，父母亲可以做出一些正确或者错误的行为，让孩子来判断哪些是正确的，哪些是不文明的、不能做的，引导孩子的正确行为。还可以针对那些有霸王行为的孩子设计游戏，让孩子体验"被抢玩具"后的心情，感受被欺负的孩子的难过与伤心。

4.建立激励机制，强化孩子的正确积极行为。孩子一天内没犯错误，就应该给予他适当的奖励，促进孩子积极地学会更多的技能，这样他便会形成一种积极向上探求的良好习惯，而不再是一贯"老大"的霸道表现，以有一技之长服众、称霸。

5.改变过去严厉的管教方式。对孩子来说，最大的愉悦莫过于成人对他的关注，再多的霸道行为也是为了表现自己的"中心"地位。如果在孩子出现霸道行为的时候对他们进行大声训斥，反而容易让孩子相信凡事用霸王行为就很好解决。其实，孩子犯了错误，要给予轻度惩罚，更要对孩子进行理论上的指导，让孩子心服口服，才会更容易接受批评。

太敏感——受刺激之后的过激反应

现实生活中，越来越多的时候会听到家长们在一起说自己孩子敏感得像刺猬，没说几句话呢，孩子就莫名其妙地大哭起来。说到敏感，更有家长说现在的孩子都是心灵脆弱，在幼儿园被同伴拒绝玩耍后，就会一副很受伤害的表情。孩子敏感得仿佛什么都经受不起，这让孩子的处境尴尬起来，更是影响到孩子正常的人际交往。

看到孩子如此敏感，家长就会担心起来。他们也不知道孩子可以接受的积极的信息是什么样的，更不知道孩子可接收的消极信息，而孩子很可能因为一点小事，就会出现情绪变化的现象。于是，孩子越敏感，大人越不敢触碰。实际上，大人不可能理解孩子是正常的，但是敏感的孩子却需要和大家一样，更好地融入到集体中，更好地表现自己。

      小春是个乖巧的孩子，又是那种做事小心翼翼的孩子，有一天早上她起晚了，在紧张中她又打翻了水杯。这下，小春的爸爸起了急，禁不住叫了起来："闺女，快点，这么笨，什么都没弄好！"这一句话，让乖巧的小春愣了愣，随即大哭起来，边哭边说："爸爸坏，爸爸骂我笨，你和张老师是一伙儿的，我讨厌爸爸。"

小春的妈妈愣住了，这小春平日里很乖巧，而且也懂得看大人的眼色，这时候怎么看不明白其实是爸爸着急才说她的呢。于是妈妈就耐着性子问她："宝宝，张老师怎么坏了？"小春满脸委屈地说："我穿不好裙子，张老师说别的小朋友都穿好了，就你笨，穿不上。我不想去幼儿园了。"妈妈听了这话，当时就惊呆了，难道这就是当初小春拼死不愿去幼儿园，接连晚上做噩梦的原因吗？这就是小春听到"笨"字就开始大哭的原因吗？

其实，孩子的先天气质各有不同。有的孩子天生就大大咧咧，不把自己身边的磕磕碰碰放在心上。而有的孩子则表现得细腻敏感，在有些场合下显得胆小，容易受别人情绪和看法的影响。敏感与否，其实都是孩子与生俱来的气质，要经历社会环境的磨砺，甚至是经过很长一段时间才会有所改变。所以，要针对孩子的不同性格来发现孩子，打开孩子的心门。

"敏感期"一词最初见于荷兰生物学家德·弗里在研究动物成长时的文档，敏感主要指一个"人"或其他有知觉的生物个体，在生命的发展过程中，会因外在环境的某些刺激，产生特别敏锐的感受力，以致影响其心智的运作或生理的反应，而出现特殊的好恶感受，并表现出特有的一系列行为。

后来，蒙台梭利在长期与儿童的相处中发现，儿童的成长中也会产生同样的现象，很多孩子因为受到了一些刺激而产生生理、心理或行为的过激反应。因此，蒙台梭利提出了儿童敏感期的原理，并将它运用在幼儿教育上。蒙台梭利称当孩子处于"敏感期"，敏感力产生时，孩子的内心会有一股无法遏止的动力，驱使孩子对他所感兴趣的特定事物，产生尝试或学习的狂热，直到满足内在需求或敏感力减弱，这股动力才会消失。此理论对后来提升幼儿的智力发展有着极为卓越的贡献。

正处于敏感期的孩子，具备一种神奇的力量，他们无时无刻不在内心紧锣密鼓地上演着一场戏剧，他们在创作之中体味着成长的酸甜苦辣，就像是小春因为爸爸的一句话而觉得爸爸是和幼儿园的张老师一伙儿的，爸爸是坏人。当内心的需求没有得到满足，孩子就会发脾气或者是悲伤地哭泣来表现出一种激动和无目的的行为，这实际就是孩子借此表达他们急切需要理解和关爱的方式。可能父母会对此现象无所察觉，只是觉得孩子太过于敏感，但这并不能影响孩子心灵深处的这种力量的生长。孩子的敏感有时会让孩子的内心永远充满追求，并为此追求而不安。

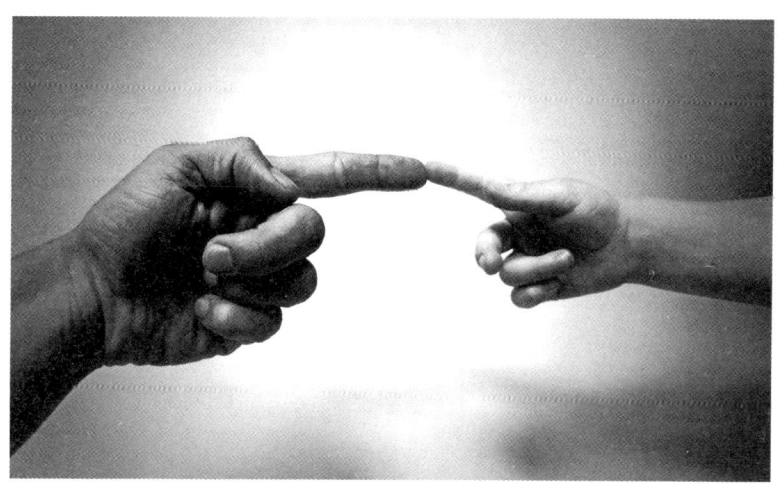

▲ 教育儿童的全部秘诀就在于怎样爱护儿童

日常生活中，我们要尊重孩子的内心，尤其要注意他们心灵的外在表现，不要因为某件事、某句话而伤害了他们的情感需求，应让他们充分地体会到自我的价值和力量，相信自己可以克服困难。家长更要以关爱代替责备，给予孩子很大的自信和勇气，让他坦然、勇敢地解决眼前面临的问题，给孩子更宽广的心灵发展空间。

1.孩子敏感得脾气暴躁时，大人不应该随着孩子而暴脾气。不要因为孩子的痛哭流露出强烈的不安和痛苦，也不要因为看不得孩子的痛苦而急于制止孩子的表达，更不要轻易评论孩子的情绪，甚至不要对孩子讲起"要坚强，要不怕挫折"，而是平静地、充满爱意地倾听孩子，不要干扰或者打断孩子的倾吐，让孩子宣泄痛苦与不安。此时，可以看着孩子的眼睛，温柔地抚摸孩子，温和地询问孩子为什么哭泣，如果孩子不肯说，也不要勉强，一直等到孩子哭完了，愿意说的时候再了解情况。

2.一个感情充沛的人更容易过于敏感，孩子也是，所以大人要理解孩子的感情，可以用朋友的语气，试着跟他们开始沟通："你看起来很苦恼哦。""看到你难过，我也很不好受，等你冷静点儿，我们就谈谈这事。""我知道朋友取笑你，这让你觉得自己都快发疯了。"帮助孩子敞开心扉，同他们一起讨论他们所关心的事情。

3.大人要注意强调孩子的能力和优点。细腻敏感的孩子通常很体贴别人，富有同情心，善于发现生活中点滴的美好，同时乖巧可爱，讨人喜欢等，有很多优点。大人们也要相信孩子可以控制自己对别人行为的过激反应方式。比如大人可以说些"你不能控制别人怎么说、怎么做，但你可以控制自己对他的反应"之类的话，来给孩子启示，让孩子警觉到现在应该控制自己的情绪了。

4.指出孩子的"错误的表情"。孩子平日里可能会不自觉地就做出鬼脸、噘嘴、皱眉等一系列不高兴的表情，这些行为会使身边的朋友认为你并不是乐观的人而远离了自己，但孩子并不知晓。所以，当家长意识到时，不妨趁和孩子单独在一起时，装作漫不经心地提到这件事："我注意到，你不高兴时总会有某个表情。你知道我指的是哪个表情吗？"旁敲侧击地让孩子意识到错误的表情也会影响人际交往。

5.不要让孩子受到过度的刺激。孩子是脆弱的，庞大的人群、吵闹的环境、乱糟糟的房间等，孩子会因为这些而变得敏感脆弱，而对于敏感的孩子来说更是一场噩梦。所以对那些"过大、过多、过快"的东西，家长都要长个心眼，警惕孩子会接触到，要让孩子尽量在一个健康的环境中成长，这对孩子的心理影响很重要。

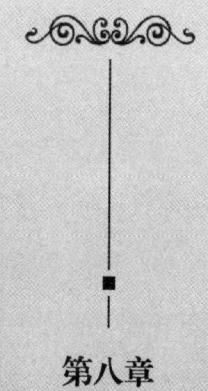

第八章

别怕孩子与众不同——思维能力是孩子一生的财富

打破砂锅问到底——孩子开始探索未知的世界

当孩子忽闪着大眼睛向你提问："太阳有家吗？它也有爸爸妈妈吗？"你会怎么回答？还是会感到惊讶而无法回答？可是孩子求知的渴望依旧会不依不饶："为什么太阳没有家，没有爸爸妈妈，那太阳是怎么生出来的呢？"孩子刨根问底地提问，很多时候都会使大人手足无措，甚至你开始怀疑他们的思维是怎么产生出来的。当孩子喋喋不休地提问成为常事，那么想必你一定是会流露出不耐烦的情绪。其实，孩子能提出一些稀奇古怪的问题，说明他们已经在可爱的小脑袋里萌发出一束束思考的火花，他们追逐答案的行为是宝贵的，这里孕育着探求人类文化知识的幼芽。

孩子追逐是非的那股热情，正是他们以渴望的眼光来观察与思考着生活中的一切，在他们得到疑问的合理解释时，自己的内心也在不断地满足。作为家长，应该关心孩子的心理发展的需求，尽量正面地回答孩子的提问，同时，也要让孩子了解得到答案的过程与方式，要知道授之以鱼永远都不如授之以渔。积极地启发孩子针对问题去思考，远远比孩子单纯得到答案更能满足孩子的求知欲望。

　　婶婶带着四岁的卡特，周末去了自然历史博物馆。婶婶只是为了带孩子玩，没想到卡特一看见那些动物模型就来了劲，一个劲拉着婶婶问东问西。这让婶婶为难了，很多问题她也说不清楚，于是心里一个劲嘀咕着不该带孩子来。卡特问得最多的就是恐龙，卡特对婶婶说："上次爸爸妈妈带我来这儿的时候，已经看过恐龙了，我知道恐龙有很多种类型的，但是我不明白恐龙真的是因为没有吃的才饿死的吗？"婶婶点点头，自己也是模棱两可的样子。可卡特并没有就此止住，还是一个劲儿地问，问题各种各样，从恐龙的产生到恐龙的灭绝，从恐龙的饮食到恐龙的繁衍生息。卡特婶婶的脸一阵红一阵白，但是卡特丝毫没有顾及婶婶，还是一个劲儿地问个不停，时不时地还使劲地搂着婶婶的胳膊大喊起来。婶婶只好敷衍着点头摇头，马上就要哭出来了。

　　婶婶实在是没精力跟卡特争论有关于恐龙的任何问题了，于是就拉着卡特的手说："来，婶婶带你去找答案吧。"于是，婶婶带着卡特穿过高耸的圆形大象展厅直奔恐龙展厅。那里陈列着很多恐龙的巨型骨架和已经消失了的生物的透视图，卡特看到后惊呼于恐龙的构造，完全沉迷在其中。婶婶随着卡特慢慢沿着展馆走，边看边把展馆标签上的内容读给卡特听，卡特沉迷于婶婶的话里，嘴里还一遍遍地嘟哝重复着这些发音古怪的词儿：剑龙、雷龙、翼龙、霸王龙……

　　看完了展览馆的陈列品，婶婶还带着小卡特去看有关恐龙进化的4D小影片。看着影片，卡特对恐龙的兴趣和热情丝毫没有减退。卡特跟着婶婶穿行在4D电影中的恐龙进化影片中，一会儿张大嘴吃惊，一会儿又抱着脑袋躲防着，仿佛卡特也生存在恐龙生存的那个年代，经历着和恐龙一样的残酷命运。一直到物种最后消失殆尽，卡特的脸上也似乎有了悲伤绝望的表情。通过4D影片的立体展示，卡特慢慢地了解了恐龙灭亡的客观环境和演变规律，感叹于世界万物的变幻。

走出4D影院的时候，卡特还仰着头，眼睛直勾勾地盯着婶婶问：恐龙灭绝后又有了什么样的物种呢？婶婶并不急着回答，而是提议去看看大型猫科动物展，并使劲拍拍胸脯表示要卡特相信自己，卡特满怀期待地欢呼。于是，卡特跟着婶婶迅速地浏览了有老虎、美洲豹资料的展厅。在看到雪豹的时候，婶婶说"它可真像大一号的琼尼斯（卡特的宠物猫）"。卡特的好奇心又被勾了起来，指着展示标签对婶婶说："婶婶你是读的说明牌子吗？快读给我听，我特别想知道呢。"婶婶开始读关于这头羞涩的喜马拉雅山雪豹的介绍，卡特完全被这个说明吸引了，他再一次投入认真的状态，然后渐渐点头，表示自己已经明白这些生物之间的关系。

婶婶带卡特去恐龙馆，利用恐龙馆的布局及现有设备帮助卡特了解他迫切想要知道的答案，是非常聪明的举措，不仅可以让卡特不再对于自己刨根问底似的提问，更是引导卡特一步步自己观察、了解恐龙的生长繁衍直至灭亡的问题。其实，在孩子成长的过程中，他们总是怀有对世界的好奇心，在探索他们未知的世界、适应社会环境时，他们总是带着极大的希望期待能有个万能的人可以解释他们所有的疑惑。而父母在他们的心目中就是最能给予他们满意答案的人。可是世界上的问题，怎么能完全说清楚呢？于是，让孩子先了解他们好奇的东西，再去独立思考，进而一步步提问才是孩子得到满意答案、满足美好想象和提升求知的欲望的最佳途径。

▲ 人们总是发自内心地希望自己是一名发现者、探寻者，对儿童来说尤其如此

　　答案有时候并不是是非可以简单概括的，当孩子进一步探求事物的关系而提出"为什么"时，即使求知的强烈愿望导致

他们很暴躁，甚至有失控之类情绪的时候，大人们还是需要根据孩子的年龄特点、知识经验，深入浅出地进行解释。不然，孩子的小脑袋是不足以消化如此多知识的。所以，在特别难以回答的问题面前，大人们可以暂时不回答孩子的问题，而是提出建议，激发孩子的兴趣，让孩子自己观察，自己动手验证，主动思考，从而明白问题的来龙去脉，这样孩子的收获更大。

发明大王爱迪生，发明了世界上很多有用的东西，开创了新世界的新生活，但他只上过三个月的小学。他的成功，令人瞠目结舌，而所有这一切都应归功于母亲自小对他的教导和他自己勤于思考自修。幼年时的爱迪生，每当遇见一个新问题，他便会像很多现在着急寻求答案的孩子一般，着急地问母亲。母亲却并不着急回答他的问题，而是在爱迪生的迫切渴望中给予其耐心的教导，并引导爱迪生自己去观察、思考、发现，从而找到问题的答案。

时间一长，爱迪生在母亲的培养教诲中，已经养成在遇到问题的时候亲自去找寻、试验的习惯，直到明白了其中的道理为止。长大以后，爱迪生就根据自己这方面的兴趣，一心一意做研究和发明的工作，共发明了电灯、电报机、留声机、电影机、压碎机等总计两千余种实用的工具，改变了当时人们的生活。

一般来说，处在问题情境中的孩子思维特别活跃，他们会表现出异常的热心，急于得到问题的答案，于是缠着身边的大人问来问去。大人们此时应像爱迪生的妈妈那样，切勿打断孩子的思维，而是耐心地听孩子的疑问，并找出孩子的兴趣点，顺着孩子的兴趣与思维同孩子一起思考，帮助孩子独立地追寻答案。当孩子处于发现的喜悦与兴奋时，父母应用相应的行为来表示肯定孩子的发现，哪怕是一个微笑，也能从感情上给孩子以强有力的影响，让孩子更热衷于观察和思考。

日常生活中，大人应该用鼓励和肯定的态度支持孩子去发问，继而在孩子的期盼中一边回答孩子的提问，一边稳定孩子迫切的情绪，引导孩子进一步观察、搜集、认识，去了解、思考问题，培养孩子思考问题的方式，追寻答案的方法。要知道，授之以鱼不如授之以渔，教会孩子答案的寻求方法，远远比只告诉孩子答案的正确与否更对孩子有益。孩子认识世界是从父母的态度开始的，给孩子更多的赞许，给孩子更多的思考方式，帮助孩子更快地适应社会。当然，与此同时，大人还需要实施与这种感情相一致的行动，真真切切地以行动指挥孩子，影响孩子。

1.尽量回答孩子所提的问题，引导孩子思考。大人通过倾听孩子说了些什么，问了些什么，对什么好奇，便可以从中了解到孩子的思维水平。而大人对于孩子的回答，不但可以满足孩子的好奇心，更让孩子进一步了解认识世界，并抱有热情地探索更多。

2.聆听问题并接受孩子对于问题解决的计划。在你认为孩子需要在引导下进行思考的同时，孩子其实也会自己规划着某些事情，他们小小的脑袋里充斥着他们想要自己去做更多的事。这个时候大人要懂得尊重他们对自我的主导权，让他们在思考与行动中获得自信，并及时给予肯定，得到控制自我与环境的能力。

3.别强迫孩子做任何事情。当孩子急于寻找答案而变得敏感暴躁的时候，大人要尊重孩子的观感；除非必要，别强迫孩子去安静下来，而是顺着孩子所表达的意思，接受他们所认为的事物，以肯定和耐心的回答，引导他们进行思考。

爱钻牛角尖——孩子的思维违反了逻辑

都说人应该未雨绸缪，发生的或者未发生的问题都应该在脑袋里依次过滤，找到最佳防御和解决的办法。这是很多家长希望做到的。可结果呢？这样长期下来，往往会导致我们想太多，成了一个凡事都追寻个为什么、怎么办、怎么样，可谓是"反常规"的思维高手。而孩子完全继承了家长的衣钵，即使是对1+1=2这样的问题，都会在他的脑子来回翻腾。孩子也总有不寻常的答案，往往令大人们烦恼抱怨：为什么孩子一定要钻牛角尖呢？

其实，生活中我们遇事便往深处思考是件好事，正因为一代代人不屈不挠地求索，人类才渐渐发展到如此进步的今天。但是先人们是遵守逻辑的，是在既定事实基础上的深究，而不是在这些看似已经是真谛的无谓事情上违反了逻辑，怀疑事实，企图再想出什么新点子来，做钻牛角尖之事。如果从小就钻牛角尖，那么孩子的思维发展就会受到不良的影响。

贝磊三岁多了，在妈妈的悉心教育下，他可以很好地将自己的所思所想表达出来，而且每天都可以说出很多出乎意料的话来。贝磊的语言能力逐渐提高很让妈妈感到惊喜。可是最近一段时期，妈妈发现贝磊越来越爱钻牛角尖了。

比如说，有一天贝磊跟着妈妈回家，因为家住在高层，需要乘坐电梯上楼。而贝磊自己喜欢按电梯的按钮，可是这一次妈妈很是着急地要带着贝磊回家做饭，就没有让贝磊按电梯，贝磊却出乎意料地表现出一副生气的表情，不停地跟妈妈说"要再来一次"。贝磊的妈妈开始并没有在意，任由贝磊在那里嚷嚷，可是电梯都行进至一半的路程了，贝磊却大哭起来，没办法，妈妈只好又陪贝磊再回到乘电梯的起点，然后由贝磊来按下等电梯的按钮，再乘电梯回家。

还有一天，贝磊全家人都聚在一起吃奶奶包的馄饨，贝磊很是开心，他最喜欢吃奶奶包的馄饨。于是，贝磊眼巴巴地望着妈妈煮馄饨，刚刚煮好贝磊就嚷嚷着让妈妈给他一碗。妈妈耐不住贝磊在一旁妨碍自己，怕是厨房太小会不小心碰着贝磊，就只好先给了贝磊一碗，可是刚刚煮好的馄饨比较烫口，贝磊根本就吃不了，着急的他就叫妈妈帮他。妈妈就用勺子把其中的一个馄饨分成了两半，可是贝磊就更着急了，还不停地嚷着："分开了，分开了，我不要分开，我还要刚才那样。"说着贝磊就放下了勺子、筷子，根本就不吃了，反而要自己去厨房里盛一碗新的。妈妈不停给贝磊解释，其实分开和不分开都是馄饨，如果分开，馄饨会凉得快一些。可是贝磊竟然大哭起来，非要一碗新的。妈妈说，新的也是很烫的，要不就等一会儿再吃吧。听到这话，贝磊更是哭得厉害，直到碗里的馄饨都变凉了，贝磊才肯罢休，乖乖地吃起来了。

贝磊的妈妈最近非常头疼，她说每一件事情都要按照贝磊想的那样进行是几乎不可能的啊，现在贝磊在家还好，可是继续这样下去，贝磊在外面怎么办呢？

生活中，像贝磊这样总是认定一切事物都会按照其心意而进行的孩子并不在少数，他们思维呆板，不敏捷，并不会正反两方面看问题、考虑问题，总是爱钻牛角尖。这样看来，家长不能只抓孩子对知识的学习而忽略思维习惯的培养，尤其是遇事之后正反思维习惯的培养，养成孩子良好的思维习惯。

伟大的物理学家爱因斯坦说："学会独立思考和独立判断比获得知识更重要。不下决心培养思考习惯的人，便失去了生活的最大乐趣。"有的父母把一切事物都想得非常细致，安排得十分妥善周到，从来就没有什么事需要孩子自己去考虑，也从来没有过不完成孩子的心愿，也总以为这样才会给孩子最好的关心。可是长此以往，会扼杀孩子的思考能力，孩子只会按照自己的心愿，而不会思考事物的发展变化，更谈不上解决问题的能力了。甚至还会抹杀孩子生活的乐趣。所以，父母要在孩子会讲话的时候就培养他们独立思考的习惯，让他们正反两方面来进行思考，为孩子创造一个更为宽广的思考空间，而不是拘泥于狭窄的内心。

有这样一个有名的寓言故事，讲到有一个坏脾气的小男孩特别任性，一天到晚因为一点小事就在家里发脾气，还经常摔摔打打。这天，他的爸爸就把他拉到了他家后院的篱笆旁边，说："儿子，你以后每发一次脾气，就往篱笆上钉一颗钉子。

过了一段时间，你看看你发了多少次脾气，好不好？"孩子觉得挺有意思，正好他还想计较下有多少人欺负过他呢。后来，他每次跟别人发脾气嚷嚷一通，就往篱笆上钉一颗钉子。当他第一天记录下来，发现有这么多烦恼的事情值得发脾气啊。

这时，他的爸爸过来了，说："哎呀，一堆钉子！"这男孩看看钉子，突然觉得有点不好意思起来。不过，他还是每发一次脾气就往上面钉一颗钉子。后来，他觉得每天钉的钉子渐渐少了，不过也有半面墙那么多了。

他爸爸又说："你看你发这么多脾气啊，可是周围也就那几个人啊，难道每次都是别人错吗？要克制了吧？"男孩低着头不说话，可是更觉得不好意思起来。他的爸爸继续说："你要能做到一整天不发一次脾气，那你就可以把原来敲上的钉子拔下来一根。"男孩觉得这件事更是新鲜，于是他每天克制自己，希望墙上的钉子可以少一点，这样墙就不会那么难看了。

一开始控制自己的情绪时，男孩觉得非常难，但是等到他把篱笆上所有的钉子都拔光的时候，他非常欣喜地找到爸爸，说："爸爸快去看看，篱笆上的钉子都拔光了。"

爸爸跟孩子来到了篱笆旁边，看到全是钉子洞的墙面，指着便和儿子意味深长地说："你看，篱笆上的钉子已经拔光了，但是那些洞永远留在了这里。其实，你每次发脾气，就是往身边的人的心上敲一颗钉子。你可以道歉，但是那个洞永远不能消除。"

▲ 如果孩子受了苦，要学会帮助和安慰他，而不是去怜悯他

正如故事中的父亲所言，孩子只顾自己，而完全不会思考别人的感受，遇事便固执于坚持自己所谓的原则，表现得特别爱钻牛角尖，这就会在别人心里扎出一个永远都不会抹平的洞。其实，生活中的小事，只要善于从正反面思考，不呆板、不固执，应变能力强，能从不同的角度提出问题和分析问题，

就会得到很多解决生活问题的办法，从而让自己的心变得宽广起来，不被狭小的自我内心而束缚，变得爱钻牛角尖。

思维好比播种，行动好比果实，播种愈勤，收获也愈丰。一个善于独立思考、善于从正反两方面思考、不钻牛角尖的人，才能得到别人悉心的爱护，享受到人与人之间美妙的和谐气氛，也能感受到为人处世的轻松与喜悦。所以，大人们从小就要正视孩子的思维培养。

1.不能让孩子的上进心变质。孩子会因为征服心和新鲜感，而在面对问题的时候产生"我就不信我做不到""我就不信我说得不对"的想法，这是孩子对自己的一种肯定，一种信心的展现。本不算是什么坏事，但是追求过了头就属于钻牛角尖了，容易让孩子陷入思维的困境，找不到打开顺畅思维之门。而作为家长要积极肯定孩子已有的进步和成绩，启发他们思考事物的真相与真理。

2.别让孩子死心眼，人不在一棵树上吊死。在孩子遇到学习上、生活上的难题时，家长可以让孩子试着换个角度来思考、解决，要让他们知道，成功之路有很多种，解决方法也有很多种，这种方法不能解决的问题，换另一种方法说不定是件很容易的事。

3.教给孩子开阔心胸的办法。孩子种种的钻牛角尖现象，其根源在于他们的心胸不够开阔，只能容纳下原有的思维，而不能接受新的思维。而家长在平日里可以通过不断为孩子讲述故事，以及自己的榜样作用，教给孩子要拥有开阔的胸襟。这不但对其考虑问题的角度有好处，更是对其为人处世可贵品质的培养。

争强好胜——孩子不懂纵向比较与思考

都说要给孩子更多的空间，让他们自由发展，不要用过多的条条框框去束缚他们，可是孩子生存于世，总是要完成自己身上的那份担子。他们不仅承载着父母的希望，还承载着祖父母、外祖父母、亲戚、朋友们的期盼，而期盼的最好兑换方式就是获取更多的第一名。所以很多时候我们会听到孩子喊着要考第一名，而尽管第一名只有一个，孩子们还是会为此而努力。

有些孩子因为自己的争强好胜拼命地想拿第一，也曾在失败后泪流满面、情绪低落，也曾怀疑和否定自己，更曾为了拿第一，想到了用某些不诚实的手段，还曾因为好朋友、竞争对手超越了自己而对对方心生嫉妒。这些都给第一名套上了太多太多。第一名已经不再单纯是孩子努力的目标，反而过早地让这种第一名的欲望压倒了孩子的人生，孩子拼命努力只是为了个第一名。其实，我们每个人都知道学习不是生活的全部，名校不是生活的意义。所以，对待第一名要有健康的心态，切不可为此而产生不好的心态。

　　在小里明还没有上学的时候，他就经常会为了为什么自己不是伙伴中最漂亮的而苦恼，为此妈妈特意给他买了最帅气的衣服，打扮小里明，还经常跟家人说小里明从小爱臭美。

　　到了上学的年纪，可这小里明凡事爱争个"最"的毛病并没有改，他想做成绩最好的、最聪明的、最惹人喜欢的小孩，于是他平日里做事小心翼翼、一丝不苟，总是要看过周围人的意见才行动。小里明的妈妈觉得做事尽善尽美是应该的，但是小里明连写作业也要求特别干净，如果有一点点的脏，他就会把整篇作业擦掉重写，而且什么都喜欢争第一，跑步没得第一不高兴，考试得了99分也要大哭一场。他还特别爱钻牛角尖，经常为了一个标点符号而和老师争辩半天，要求老师把那0.5分给他加上，不然他就一个劲地缠着老师。

　　小里明这种过分要求自己的行为，不仅给自己带来心理压力，经常愁眉苦脸的，更是让家长操尽了心，成天为他怎样得第一而苦恼，而他也是成天像小老头一样愁眉不展的。

其实，生活中像小里明这样的学生很多，他们积极向上，努力勤奋，做什么事情都非常认真，已经是很优秀的学生了，但他们对自己要求也非常高，非要每次争得第一名才行；如果没达到理想目标，他们就会感到自卑，甚至还会出现强迫行为。可是第一名从来也只有一个，很多人都只能是后面的名次，每个人都有机会争取，但第一名永远不是目的，而是一种奋进的榜样，要正确对待取得第一名；否则，只是功利地想要争得第一名，会导致学习内容的断裂，影响学习成绩，更严重的还可能引起忧郁症、焦虑症等心理疾病，给整个成长都压上沉重的枷锁，即使孩子将来有所作为，孩子的一生都是沉重的，很难有欢乐的人生。

考了第一名，固然能使孩子树立自信心，进而肯定自我、赏识自我。但若失败了呢，就是要灰心丧气、一蹶不振，甚至自暴自弃了吗？答案是否定的。在孩子成长的过程中追逐成绩是积极进步的表象，但一时的成绩并不能代表什么，只能是作为一种鉴定孩子的进步程度的参考，指明孩子下一步努力的方向。而作为家长，要给孩子树立正确的成绩意识，不要一味对孩子强调成绩的重要，非要让孩子取得第一名，而忽视了对孩子心理和精神的关怀和抚慰。孩子成绩的提高，要一方面靠努力，一方面要靠避免失误。在帮助孩子进步的同时，家长应该经常反思一下：我们对孩子的要求是不是过高了？孩子承受的压力是不是太大了？如果是的话，家长更应帮助孩子放开思想的包袱，以一颗平常心来对待每一次考试，并在考试结束后，帮孩子客观地分析成绩，让孩子意识到自己的优点和不足，让他明白学习如同生活一样，是有得有失的，得到的要继续把握，得不到的应该努力而为之。

▲ 如果一个人在0~6岁时从未体验过幸福，那么他终其一生可能都不会再有幸福感

台湾著名散文作家林清玄，三十年来共出版过一百多部著作，得过大大小小的无数文学奖项，荣誉满身的他被大家视为"天才作家"。可他并不认为自己是天才，在他看来，自己的那些成绩只不过是鞭策自己的一种方式。

杭州天长小学举行过一次亲子课，很有幸请到了林清玄，他在课堂上给三百多位学生家长分享了他所认为"成绩于孩子的意义"。他说："如果你的孩子是第一名，那就让他别那么努力，轻松点进七到十七名里，那才能成功嘛。如果你的孩子是后几名，那就让他努力进到前十七名里面。"他指出现在的世界精英都不是当年学校里的尖子生，他们在班级的排名是第七名到第十七名，他们从来没有想过自己会获得第一名，也没有想过自己能有一天站在世界的舞台上。他们的童年是快乐的；他们不把成绩当成枷锁；他们拥有更好的人际关系；他们愿意和第一名做朋友，跟他们学习知识，也愿意和最后一名做朋友，跟他们学习生活；他们压力小，生活学习都很轻松，有更多的时间接触更广泛的社会；他们拥有最好的创意。林清玄说，世界上每个孩子都是不一样的，成绩也不是衡量孩子好坏的标准，就像是种植物一样，山坡地种竹笋、香蕉，沙地种西瓜和哈密瓜，烂泥巴里种芋头，不同植物适合不同土地，不是只有一个样子的，也不能说哪个好哪个不好，它们含有不同的营养物质，对人体有不同的作用。而把所有不一样的孩子集合在一个校园里，希望教育成一样的人，就是这个世界的悲哀，更是现代教育的一个大问题。

教育好孩子，把孩子变成最好的人，就是要根据孩子的特点来教育孩子，让他们认识到自我的价值，肯定自我的能力。

正如林清玄指出的那样，成绩并不是界定好学生与坏学生的标准，只是界定孩子学习成果的一个标准。有的孩子会从中得到改正的办法，获得更广阔的发展天地，而有的孩子只会看着成绩喜怒哀乐，责备自己没有好好学习，从此背上了成绩的枷锁，终日不得快乐。其实，人的生命中有很多重要的东西，孩子除了学习外，还有参加劳动体悟收获、关爱别人的能力，更应该掌握面对挫折的能力。只有用饱满的爱面对亲人、朋友和自己，才能更好地面对人生。

而家长对于孩子"第一名"的攀比心理，以及争强好胜的行为，应给予积极的开导，告诉他们不要老是横向比，还要纵向比；不要总和别人比，也要和自己比。拿不到第一名，说大了只是孩子生活中的一个挫折，孩子要学会正确看待其中的得失，学会承受挫折，并要按照自己的情况，肯定自己比以前有进步，自己以往未知的领域变成了已知的领域，那就是一种成功，就是父母心目中的第一名。

1.家长对孩子不要落到预定一个具体考试分数上或者是考试名次上。生活中，很多家长都会在考试前规定孩子一定要考多少分多少名，以为这样便可以让孩子的压力变成动力，激励孩子多用心于书本。实际上，这种要求对于那些心理素质脆弱的孩子来说，更不利于他们在考试中发挥正常的水平。所以，家长不妨把孩子的目标定低一些，要求孩子发挥出自己的水平即可。

2.改变家庭教育中"分数看能力"的观念。家长要鼓励孩子正确看待进步，尤其是妈妈不应过于细致或焦虑而成天念叨孩子的学习成绩，应该适当给小孩一些自由空间，让孩子自己规划自己的学习，自己鉴定自己的进步。当孩子因为成绩不好闷闷不乐时，足以说明他们已经认识到自己的不足，家长不应再去责怪孩子，而应该趁机帮他分析失败的原因，给他一些安慰。

3.帮孩子树立评价自己、认识自己的新标准。孩子因受父母或者学校教育的影响，会自己定制完美、苛刻的自我标准，如果按照这种标准严苛要求自己是不健康的。家长应该帮助孩子树立一种合理、宽容、注重自我肯定和鼓励的标准，让孩子学会多看到自己的优点，学会看到自己的进步。

4.别拿自家孩子和别人比。有些父母在自己孩子的面前夸别人的孩子好，其实却在无意间打击了自己孩子的自信心。实际上，学习是一个人能力不断提高的必要手段，是一个人完善自我的过程，有进步和提高就是好现象。

5.考试只是一种表现自我的方式，并不是验证自己成功与否的标准。很多孩子在考试时都出现紧张情绪和症状，其实这是正常的现象，只能说明孩子自己很重视每次表现自己的机会。但是过度的紧张情绪，会导致情绪的压制，影响孩子考试水平的发挥。所以，家长要告诉孩子没有必要紧张，豁出去了，拿起笔开始写字，写真实的自己就好。

一味顺从——孩子缺乏独立思考能力

曾有人说过："所有的爱都是以拉近两个人的距离为目的，只有父母对孩子的爱以分开为最终目的。"这是在说，父母的爱是以培养能从自己身边独立起来的个体为最终目的。父母们用心良苦，最终为社会培养了一批独立能干的精英。而培养孩子的独立性是贯穿于孩子生活的方方面面的。孩子是一个完全与我们不同的个体，虽然依附于大人，传承于大人，但在他们并不懂得是非的时候，还是要靠大人给予指导的。

大部分家长在教育孩子的时候，往往只是把目光放在孩子的课业成绩上，却疏忽了对孩子独立自主能力的培养。孩子很多时候还是偏信大人们的意见，大人说好便是好，大人说不好便是不好。其实，孩子作为生命的个体，面对别人的意见，还是由他们自己来审查判断才好，因为这毕竟是孩子们自己的事情。同时，也只有吸纳别人的意见，独立思考，才能有意识地去独立做事、独立做人。家长千万别因为担心孩子而剥夺了孩子思考的机会。

　　张肇牧在实验员爸爸的影响下，从小就十分喜欢做实验性的游戏，喜欢一切动手的实验。这天，爸爸闲来无事，便说要和他做一个有趣的实验游戏。小肇牧非常高兴，简直有点迫不及待了。

　　爸爸说："肇牧，从你的玩具中，找出两个同样大的杯子，再找一个比杯子大的碗或者是锅。"小肇牧兴致勃勃地将爸爸所说的三样东西拿来，说道："爸爸，你看行吗？"爸爸满意地说："行。你用锅装些水来，然后将水分别倒进两个杯子，两个杯子的水要一样多。"

　　肇牧按要求做了。然后爸爸问肇牧："你看两个杯子里的水是不是一样多呀？"肇牧左看看右瞧瞧，说："是啊，是一样多。"爸爸说："你将一个杯里的水倒进锅里，然后再看看，是锅里的水多，还是杯子里的水多？"

　　肇牧马上给了爸爸答复："一样多啊。"爸爸一边点头，一边问："为什么呢？你看锅里的水这么少，杯子的水那么多，怎么会是一样多的呢？"肇牧从容地回答："爸爸你看，这是两个同样大的杯子，我倒进的是同样多的水，之后我把这个杯子里装的同样多的水倒进了锅里，因为锅比杯子大，所以看起来锅里水像少些，其实它们一样多。"

张肇牧对液体容量守恒定律回答得如此肯定，而且思维清晰，语言表达准确、完整，没有因为爸爸的怀疑语气而动摇，这让爸爸很是满意。

大人在孩子的成长过程中会本能地做出引导惯性，由于孩子总是喜欢听信大人的意见，就会让他们怀疑自己的思考。其实，家长应利用好孩子这种心理来让他们学会独立思考，并在给予孩子充分肯定之后，循循善诱地告诉他们，对自己周围的事物要多方位地观察，得出自己的观点，并坚持自己认为对的观点。这种思维能力会将人的思考引向深处，有助于孩子的成长。

比尔·盖茨从小显露的最大特点就是喜欢不停地思考，而且他从来不轻易相信别人的意见，凡事都非要自己得出结论才放心。所以，在家里的时候，常常是母亲叫他吃饭，他却置若闭闻，甚至整日躺在他的卧室里不出来。母亲对他整日在屋子里不讲话的行为感到很奇怪，于是问他在干些什么。比尔·盖茨总是振振有词地说："我正在思考呢！"家人有时劝他不要浪费过多的脑细胞在没有意义的问题上，可是盖茨并没有因为他们的好意而接受，反而还责问家人："难道你们从不思考吗？"

▲ 不要为了能让孩子学会一点点与人相处的技巧，就去牺牲他的天真

比尔·盖茨的头脑似乎时刻都在高速地运转。直到现在，微软公司还流传着这样一种说法："和普通人谈话就像从喷泉中饮水，而和盖茨谈话却像从救火的水龙头中饮水，让人根本

应付不过来，他会提出无穷无尽的问题。"即使是别人给予了盖茨肯定的答案，他还是要自己思考一通，反问一通，直到他想明白了，才会认同批准。而比尔·盖茨之所以有今天的巨大成就，与他从小养成的善于独立思考的习惯是密不可分的。

而现实生活中，有的父母把一切事物都安排得十分妥帖周到，从来就没有想过什么是需要孩子自己去考虑、去想办法、去解决、去处理的。孩子也习惯于父母的安排和意见，即使父母生气地说孩子是个笨家伙，孩子也会轻易相信，理所当然地接受父母的安排。渐渐地，当孩子再遇上困难时，就不愿意思考，就只会指望父母的帮助。长此以往，扼杀了孩子的思考能力，更谈不上具有解决问题的能力了。

任何一个有意义的构想和计划都是出自思考的，独立思考可以帮助个人提高认识问题和解决问题的能力。而任何敏锐的思维都不会从天上掉下来，是需要严格的训练和培养的。所以，父母要充分尊重孩子的主体地位，让孩子从小树立主体意识，从各方面给予他们"参与"的机会。虽然别人的意见也是很重要的参考，但要使孩子明白，不能轻易地偏信别人的意见，而是应该综合诸多批评建议，找到真实的自己，这才是教子课题的"重中之重"。

1.培养孩子独立思考的能力。孩子在遇到困难时，本能的想法就是请父母帮忙，而父母看到孩子犹豫不决的样子便心生可怜，于是就开始帮助他们思考，帮助他们做选择、判断。但判断、思考的能力是思维发展的一个重要特征，即使面对孩子的求救，如"妈妈，我不知道怎么做""妈妈，你说怎么办啊！""爸爸，你去替我做……"家长还是要让孩子自己拿主意，还要利用生活中发生的具体问题，让孩子自己面对问题，并想出解决问题的方法。

2.鼓励孩子发表自己的意见。生活中，有些孩子往往因为怕说错了，而不敢发表自己的意见。因此，家长不要责怪孩子，而是要鼓励孩子发表自己的看法，然后给予孩子正确解决问题的提示。而对于孩子的正确意见，我们要先肯定、表扬，让孩子增强发表意见的信心，继而使他们能积极主动地进行思考。

3.保护孩子的好奇心。好奇心是孩子的天性，是孩子们求知欲望的反映，也是孩子智慧火花的迸发。孩子的学习兴趣往往是和好奇心联系在一起的。作为家长，不仅要尊重、保护和正确引导孩子的好奇心，还要努力激发他们的好奇心，使好奇心发展为强烈的求知欲。这对培养孩子的想象力、思维能力有很大的帮助。对孩子提出的问题，要确切、通俗易懂、有条理地给予答复。

4.给孩子创造思考的情境，引导孩子思考，自己寻找答案。每个孩子都有一定的独立思考能力，当孩子向父母求助时，父母首先要鼓励孩子认真思考，并逐步提示，给孩子足够的思考时间，为孩子创造一个思考的情境，引导孩子思考，从而帮他们养成思考习惯。切不可因为孩子思考较慢，就不耐烦地马上将答案告诉孩子。

"我不行"——孩子头脑中有负面标签

　　大人们之间闲来无事，就会提及自己家的孩子，特别是妈妈们，没事总爱聚在一起交流孩子。有的家长会说："我家孩子就是内向、害羞，不爱说话，跟谁也是话少。"有的家长会说："我的孩子更是脑子笨，连个阿尔法和贝塔都要记老半天才能记住，天生不是学习的料。"还有的家长说："我家孩子就是懒，吃饭都得我叫好几遍才知道把屁股从凳子上移过来。"不知不觉中，孩子就被大人们贴上了标签，不是害羞、内向、懒惰，就是脑子笨，这种"标签"，就像厂家给商品贴上的属性标签一样，会很明确地为其定性，也在无意识地给自己的孩子贴上思维定式的标签。

　　虽然所有家长都希望自己的孩子优秀出众，但当孩子没达到家长预期的成绩时，家长就会本能地说出那些恨铁不成钢的话，本意只是想用激将法让他们做得更好，其实事与愿违，打击到了孩子的自尊心。如果家长经常用"负标签"限定孩子，

孩子就会很容易地按照父母嘴里的"标签"来暗示自己的行为，从而朝着"负面"发展。

　　米米的妈妈在生米米的时候，就希望自己的女儿能长成一个心灵手巧的姑娘，于是从小就给米米看手工制作的教程。可是米米似乎对其并不感兴趣，总是学不会折纸，这跟妈妈的理想差太多了，妈妈决心必须要给米米好好补补课了。在米米上幼儿园的时候，妈妈就把米米送进了自由绘画乐园。老师看见米米就说："这孩子真是乖巧可爱，肯定很快就能学好的。"而妈妈却当着米米就对乐园老师说："我家孩子动手能力特别差，要不然也不会想到送到这里来啊。"老师很是纳闷儿，米米的妈妈说："在家教米米简单的折纸、画画，她都学不好，幼儿园里别人会折的花，米米怎么也折不出来。"

　　听到家长对米米这样进行负面评价，乐园的老师笑了，然后带走了米米，耐心地转过头来跟米米妈妈说："以前当米米折不好纸的时候，您有没有用打压她的词语或失落的语气呢？"米米妈理所当然地承认了自己的确在米米折不出花来的时候说过孩子"笨""不灵巧""比其他孩子差"等这样的话，说着米米妈妈就露出失望的神色，还摇摇头，似乎在说米米真的很是让人头疼，总是折不好。

后来，老师也对米米进行了针对性的引导，经常将她在乐园里创作的优秀绘画作品、创意作品贴在展览墙上，并引导其他同学对她的作品进行赞赏。米米变得很喜欢去乐园，也不再讨厌折纸了。而每次米米妈妈去乐园接米米的时候，老师就会劝告米米妈不要用消极的语言打击孩子。

现在米米不仅会折花，画图画，甚至还会做剪纸画。妈妈很是高兴，也总是按照乐园老师说的那样表扬孩子。平时交谈中，妈妈也会以夸奖为主，在睡觉前给她讲些励志的小故事，不时对她进行赞美。米米变得自信多了，由原来众人眼前那个胆小不自信的米米完全变成了巧手的米米，她的手工作品还在市里举办的比赛中拿了一等奖呢，从此再也不是笨手笨脚的米米了。

　　很明显，米米从原来的胆小手拙的孩子，成长为一个能在市里手工大赛中获得奖项的巧手孩子，是多亏了乐园里老师们的帮助。老师们先是避免米米听到外界给予她"笨""不灵巧"的标签，后又与米米妈妈交流，让妈妈给予米米多一些鼓励与赞赏，而不是造成米米的坏印象，认为自己就是笨；之后老师又通过展览等活动帮助米米建立自信，让米米爱上原本自己并不擅长的手工，并发挥米米最好的手工水平。其实，不仅仅是手工，孩子在生活中的各个方面，都最好不要受到别人言语议论的影响，而是要让孩子自己给自己贴上积极的标签，这样孩子才会朝着健康的方向积极发展。

▲ 无论何时都要记住，孩子的心灵是极其脆弱，并易受到伤害的

生活中，不应该因为一时的生气就骂孩子，无意中的责骂最容易给孩子贴上负面的标签，应该让孩子从不同角度认识自己，不要受到别人的影响。即使别人硬要在孩子身上贴上负面的标签，也不要一蹶不振，甚至破罐子破摔，而是要敢于积极从"标签"上找到自己的缺点，改正恶习，积极学习，从而变得优秀起来。而这个过程是艰难的，不仅需要常在孩子身边的父母和老师克制住自己"恨铁不成钢"的怒气，不去强化孩子的负面标签，也不使用评论性的语言"你怎么总是……"而是通过表扬、赞美等积极的影响来帮助孩子从各种标签中真正走出来，完善自己，让孩子才能以乐观的心态，努力朝着积极进取的方向前进。父母是孩子最亲密、最信任的人，同时也影响着孩子的价值观、自信心和人格塑造，给孩子一些积极的印象，孩子就会朝着积极的方向发展。

1.父母从心里改变对孩子不好的评价，并为之前的批评主动向孩子道歉。每个孩子的性格和处世方式中都有好的一方面。比如，一个孩子比较好动，并不意味着他就没有安静的时候，他也会很专心地读书。多赞美孩子，帮孩子自己树立正面标签，有助于对孩子的成长产生积极影响。

2.创造机会，让孩子发现自己更多的优点。孩子的观点并不是很难改变的，他们通常会认为家长的观点是正确的，所以家长要给予孩子一定的赞赏，善于找出孩子的兴趣点，给孩子一个可以发现自己的骄傲的机会，孩子就会展现出自己潜在的全新一面。

3.强化孩子的优良行为。孩子对于喜欢的事物或者热心的事情总是很积极，有时候甚至比大人还上心。这时候，大人就可以利用他们的积极性，赞美他们，从而养成好习惯。而在这个过程中，大人们也要积极提醒孩子，尽量淡化批评，转用描述性的语言，不要发脾气，以免给孩子贴上负面标签。

过分看重奖励——孩子没有领会学习思维的妙处

孩子得到了新的玩具或者是新的体验，总是会表现出兴奋的情绪来；相反，如果没有得到自己以为可能得到的喜悦，便会表现出失落沮丧。其实，人生不是得到什么就是学到什么。即使没有得到什么，却也在体验中获得了经历与思考，完善了自己的能力，以便自己获得更高的提高。孩子一味计较得到什么，只关注得到成功后的愉快感觉，却忽视了从经历中获得学习的思维比单独拥有什么而更令人兴奋的感受。

中国有句古话叫"授人以鱼不如授人以渔"，鱼是目的，钓鱼是手段，一条鱼能解一时之饥，却不能解长久之饥；如果想永远有鱼吃，那就要学会钓鱼的方法。其实这说的就是传授给人既有知识，不如传授给人学习知识的方法。对于小孩来说尤其适用，因为学到什么永远比得到什么更为重要。学到怎样丰富生活、怎样品味生活，学到怎样充实自我、怎样完善自我，才会塑造一个独特、个性的我，给自己的人生增添一抹亮

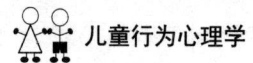

丽的色彩。

　　玉昆今年刚刚去幼儿园，在幼儿园每天的生活对
他来说都有一种新鲜感，自从玉昆去了幼儿园，他每天
都表现得很是兴奋。有时候，家里人去幼儿园接他放学
回家的时候，会问玉昆"在幼儿园学到了什么？"他
便会兴高采烈地表演今天学习的歌曲、字母、舞蹈，
更会自豪地把自己得到的"小红花"给家人看。

　　可这种好日子对玉昆来说，没有几天就结束了。
随着老师教的东西越来越多，玉昆接受起来就有些困
难了。玉昆却还是想要能够表现出什么来给家人看，
于是他开始回避家长的提问，也不去表演，只是会义
愤填膺地抱怨今天谁谁在幼儿园里表现得很好，能把
老师教的东西很完美地自己呈现出来，还能得到老师
的"小红花"奖励。说到这，玉昆就低下头，一副愁
眉不展的表情，因为他记不得新教的诗歌，因为他得
不到"小红花"。

　　因此，玉昆对幼儿园再也没有了原来的新鲜感，
每天都像是背负着什么似的去幼儿园，显得很是沉

重。有时候，玉昆为了应付家里人，只好说今天什么也没学。

让玉昆感觉到沉重的是自己没有得到老师奖励的"小红花"。玉昆过于看重得到的奖励、荣耀与赞赏。其实，得到老师的奖励和赞赏固然是喜悦的，可是这些并不是每天都可以得到的，毕竟在班级里还有很多同学，老师不可能每天都会照顾到每个孩子。

▲ 孩子们每天都在进步，只是每个人的速度有所不同

在孩子的成长过程中，尤其是幼儿园阶段，得到赞赏、肯

定的喜悦远远比他们学会任何技能后的喜悦都要多。而家长总是习惯以那些能够看得到的知识测验来衡量孩子的学习成绩，表扬孩子，孩子也会根据大人的行为，直观地认为得到奖励是对自己的肯定。然而，童年应该是非常快乐、无忧无虑的，我们不应以孩子得到多少作为衡量他们优秀与否的标准，而是应以培养孩子学习能力为重——培养孩子的学习兴趣、学习能力、学习态度及良好的性格，让孩子学会怎样面对生活才是最为重要的。

孩子的成长只是漫长人生的开始，得到什么固然会让孩子觉得开心，但是只有正确认识自己、审视自己，脚踏实地真正想要去获得真才实学，才能有所进步与发展。对于学习，孩子需要的不单单是得到了什么知识，而是要在学习掌握的过程中得到一种学习的方法。尽管在学习的过程中会经历失败还有挫折，但在失败和挫折中得到的学习经验和方法对孩子来说却是最为重要的。

1.要帮孩子制订好整个学习计划及学习目的。孩子总是喜欢得到奖赏，那么大人们可以把怎么得到更多的"小红花"当作诱饵，教孩子怎么一步步得到。在这个过程中，孩子会经历挫折，但是大人们要帮孩子想有效的解决办法，共享他们学习中的快乐和不快乐，让他们体会过程的滋味，爱上这个过程。

2.要让孩子进行课前预习。孩子不喜欢接受困难，多半是耐心有限，不能承受长时间的难度。这时候，家长要让孩子进行预习，提前找到不明白的，必要时可以提前给孩子讲解，这样孩子上课的时候就会有重点地进行学习了。而家长更要注意预习的时间不宜太长。

3.家长要做好榜样，并多同孩子进行沟通。通过讲述有趣的故事让孩子懂得，比起得到什么，学到什么更为重要。提高自身最重要的途径，并不是得到多少，而是整个人的思维方式、学习方法。